# 你要聪明地努力，才有不俗的未来

杨阳 著

中国人口出版社
China Population Publishing House
全国百佳出版单位

**图书在版编目（CIP）数据**

你要聪明地努力，才有不俗的未来 / 杨阳著. -- 北京：中国人口出版社, 2017.9
ISBN 978-7-5101-5127-9

Ⅰ.①你… Ⅱ.①杨… Ⅲ.①成功心理–通俗读物
Ⅳ.①B848.4-49

中国版本图书馆CIP数据核字（2017）第137777号

**你要聪明地努力，才有不俗的未来**

杨 阳 著

出版发行 中国人口出版社
印 刷 三河市明华印务有限公司
开 本 787 毫米 × 1092 毫米 1 / 16
印 张 12.5
字 数 160千字
版 次 2017 年 9 月第 1 版
印 次 2017 年 9 月第 1 次印刷
书 号 ISBN 978-7-5101-5127-9
定 价 39.80元

社 长 邱 立
网 址 www.rkcbs.net
电子信箱 rkcbs@126.com
总编室电话 （010）83519392
发行部电话 （010）83530809
传 真 （010）83538190
地 址 北京市西城区广安门南街 80 号中加大厦
邮 编 100054

# 序

英国童话作家刘易斯·卡罗尔在《爱丽丝漫游奇境记》中写道——

爱丽丝问那只猫："请你告诉我，我应该选择哪一条路？"

那只猫懒洋洋地回答："那要看你想去什么地方。"

爱丽丝说："去哪里都可以……"

那只猫舔了舔爪子说："那么，走哪条路也就无所谓了……"

我想，你肯定有过爱丽丝这样的迷茫，不知道通往未来的路在哪里。现在我要告诉你的是：只有平庸的人，才只会埋头苦干，而不知道聪明地努力。

你的面前有无数条路，近的或远的，平坦的或者崎岖的……但是，终点只有一个。在人生的竞赛中，选择哪一条路是考验智慧的问题，以怎样的姿态走下去才是努力的问题。

当年，小乌龟因为"跑赢"了小兔子而成为明星，几乎每个孩子都听爸爸妈妈说过："小兔子失败了，是因为偷懒和耍小聪明，你千万不要学它哦！要学就学小乌龟，因为它有毅力，还足够努力……只有努力，才能……"

可怜的小兔子就这样成了反面教材，内心肯定不甘啊！它吸取教训，第二天又找小乌龟赛跑，小乌龟信心满满地答应了。

这一次，小兔子不再偷懒，凭借自己的先天优势，轻轻松松地赢得了比赛。

小乌龟也学聪明了，气鼓鼓地对小兔子说："来来来，咱们比谁在水中憋气更久！”

小兔子吐了吐舌头，聪明地拒绝了这次挑战，因为它知道自己的天赋不足。

这才是“龟兔赛跑”的最终结局——真正成功的人都知道聪明地努力。

在教育界有一个观点一直很流行：表扬学生要说“你很努力”，而不能说“你很聪明”。因为学生一旦认同自己很“聪明”，就会对成败的归因产生偏差，只想倚仗自己的“聪明”获得好成绩，而不肯付出过多的努力。如果真是这样，那些被老师骂成“笨蛋”的学生，是不是也会认同自己“不够努力”，然后自暴自弃，放弃努力呢？

英国著名美学家博克曾说：“如果你找到正确的方法，就能从浩瀚无际的书海中找到绚丽多彩的贝壳。否则，你只能像盲人一样在黑暗中努力摸索，最后却一无所获。”

现实的世界并不是一成不变的，所以你要学会聪明地努力，要找到正确的方法来适应这个社会。有时候，一个好的方法能够让你事半功倍，在付出同等努力的情况下收获更多。

曾看到这样一则新闻：一位即将面临高考的学生，由于心理压力过大，所以通过抢劫来给自己“减压”。这位学生的“光荣事迹”传到学校时，老师和同学们都觉得不可思议。

他的学习成绩一般，却是最努力的那个人。平时，他总是坐在教室里学习，连下课和睡觉的时间都不愿意浪费。按理说，他付出那么多，学习成绩一定很好才对啊！可是，现实却不会偏袒某个人，至少在成绩单里不会出现“同情分”。

老师对他说：“学习不是死记硬背，而是掌握灵活的学习方法！”他点头，开始反省和改变。

这位学生无疑是努力的，却不够聪明。如果他找到正确的方法，凭借那样的努力，还有什么理由不成功呢？

还有一位苦练书法的学生，他经常用废旧的报纸写字，努力了很久也没有进步。一位书法家对他说："你可以试试用宣纸来写，可能会写得更好一些。"那位学生照做了，果然没几天就取得了明显的进步。

他问书法家："为什么会这样？"书法家回答说："因为纸的质量，决定了你写字的态度——在废旧的报纸上写字，你会觉得像在打草稿；而在宣纸上写字，你会更认真地对待。所以，要学会做一个聪明的人，不要总是将努力浪费在'旧报纸'上……"

我也相信，一个人越努力，就越幸运。不过，在努力之前，请记得选择正确的方向，更要学会聪明地努力，在万变的现实世界中找到真正适合自己的方法。因为，"聪明"和"努力"就像白天和黑夜一样，是不可分割的。

在这个时代仅仅努力还不行，你还需要找到"支点"和"杠杆"——聪明地努力，合理地借力，科学地用力。

《你要聪明地努力，才有不俗的未来》这本书就是想告诉你如何找到"支点"和"杠杆"，如何利用"支点"和"杠杆"。希望那些非常勤奋的年轻人，看完这本书，可以少走弯路，不再关门憋大招，而是学会融入现实社会，聪明地努力，完成自己的爆发式成长，拥有自己不俗的未来。

# 目 录

## 第一章　Sorry，这个世界本来就很现实



## 第二章　是这个世界太偏激，还是你的格局太小

## 第五章　天上不会掉馅饼，不是圈套就是陷阱



## 第六章　记住，你可以装单纯，但千万别太单纯



## 第七章　如果不能改变规则，就好好利用规则

## 第八章　别让你的善良为愚蠢埋单



## 第九章　世界虽然纷扰，但你并非无路可逃

# 第一章

# Sorry，这个世界本来就很现实

## 那些恶习都是因为你对自己的纵容

人类最大的恶习就是纵容自己，让欲望无休止膨胀，让情绪肆意泛滥，让安逸享乐变成一种习惯。虽然在现实的社会里，我们有时必须选择隐忍与屈就，可是无限度的纵容只会降低我们的生活品质。

一位朋友失恋了，半夜打电话过来诉苦，听他的声音我就知道他又喝醉了。

“女人都太现实啦，嫌老子没车、没房、没钱……”他一边骂骂咧咧，一边喝着酒。

我还挺不喜欢这样的朋友，工作不顺心了喝酒，爱情失意了喝酒，开心了还要喝。关键是喝醉了，他不分时间、场合来向你倒苦水，你去开导他，苦口婆心说了一大通，他却漫不经心地说：“你说的道理我都懂，只是做不到……”一次两次是这样，次数多了也懒得说什么。

如此纵容自己，用酒精去麻痹思想，旁人如何拯救得了？

还有一位朋友游戏成瘾，在家就死守在电脑前，除了吃饭、睡觉、上厕所，几乎所有时间都用来玩游戏，好像手指粘在了键盘上，扯都扯不下来。好不容易外出了，还抱着手机，眼珠贴着手机屏幕，根本无暇顾及旁人和周遭的风景。

我也很不理解他，为什么要纵容自己在虚拟的世界，而不活得更现实一些呢？

毕竟现实的世界里有我们爱的人，有爱我们的人，有温馨的下午茶，有朋友的小聚，有真人互动的小游戏。或许在虚拟的游戏世界里，他能忘记许多现实的烦恼，会获得现实中缺失的存在感与成就感，又或许虚拟的世界比现实的世界更符合他的理想，谁知道呢？

在这个现实的世界里，需要我们去承受的事情确实太多了，有些是我们无可奈何、无能为力的，比如，突如其来的坏天气、拥堵的交通等。有些却是我们力所能及、能够支配与改变的，比如，不再纵容自己的坏习惯、坏情绪等。

很多人选择无限度地纵容自己，对这些事情熟视无睹，时而又任由自己的情绪泛滥，任由自己的精力白白流失。或许，他们已经对自己所纵容的事情习以为常，拥有了一定免疫力，所以才会感知不到这些不应该有的纵容会给自己的生活带来怎样的负面影响。

现在你可以想想自己：你是不是体重超标，整天都吵着“要减肥、要减肥”，却还总是大鱼大肉，往嘴里塞各种垃圾食品呢？你是不是信誓旦旦地告诉自己，这是最后一次大吃大喝，却总还是有“下一次”呢？你下定决心不再嗜酒抽烟，不再熬夜，也是如此纵容自己。

其实，每个人都有许多弱点，这些弱点并不是不可改变的，尽力节制能够避免随波逐流，能够守住自己的底线；放纵自己，却只会自食恶果。

我认识一位叫小茹的漂亮女孩，大学毕业之后她便进入一家外企在北京的办事处工作。由于公司规模不大，小茹的工作十分清闲，薪水还不低，让身边的朋友十分羡慕。

小茹的外表时尚靓丽，作为公司里唯一的女性，自然受到男同事们的“特殊关爱”。而且，总经理是一位颇具绅士风度的美国人，平时如果小茹和男同事闹矛盾了，只要无关原则问题，总经理总是会说：“男士应该有绅士风度，不要和女孩子计较太多！”

在这样的工作环境中，小茹的“公主病”越来越严重，甚至肆意纵容自己的小情绪。

有一次，她和几位男同事去上海参加展会，由她负责的文件遗落在家里，导致工作延误，男同事说了她几句。回到北京后，她居然赌气提出了辞职申请。

总经理为了稳定团队，好言挽留了她，她却将此当成一种“胜利”，以后只要工作不开心了，就将递辞呈当成一种“武器”，经常放纵自己的情绪闹辞职。

后来，总经理终于同意了她的辞职申请，这让她感到十分意外。

她以为总经理会一直“宠着”她，一直挽留不让她离开公司，没想到却弄假成真了。

我很同情小茹，倒不是因为她的遭遇，而是她对自己的纵容把自己给坑了。

“人要有敬畏，不可放纵。”人生的诸多悲剧都是纵容自己造成的，而有的人将纵容当成“宽容”。无论是对自己纵容，还是对他人纵容，如果到达了一定程度也不知道收敛，就会酿成悲剧。因为无限度地放纵自己，只会让人失去约束，让理智变得苍白，让恶习恣意生长，在毫无顾忌中失去做人做事的基本原则。

## 你的低情商恰恰是因为你太懒

有人以懒为荣，甚至将懒当成一种时尚，懒得起床，懒得做饭，懒得收拾屋子，懒得出门，懒得交朋友，懒得谈恋爱……如果可以，他们宁愿站成一尊雕塑，一动不动，或者与床结合，永远都不用起来。这样的懒已经不是情商的高低问题，而是一种生活的病态。

前不久，网上有一则帖子非常火，标题为“不到最后一刻绝不复习”。

帖子的内容是一些图片搭配一些“胆大妄为”的言论：“只要胆子大，天天寒暑假”“努力不一定成功，但不努力一定很轻松”“人有多大胆，复习拖多晚”“不到最后一刻绝不复习”……

尽管这些“言论”带有玩笑的性质，很多年轻人转发也仅仅为了娱乐。可是在笑过之后，这些被当成“表情包”的图文仍旧受到很多人的认同，也反应了很多人“以懒为荣”的心理状态。无论在微博上，还是在微信朋友圈，类似这样的言论并不少见：

“美好的一天，都是从懒床开始的！”

“一天从中午开始，早饭从午饭开始……”

“三十双袜子都用了一遍，懒癌已经到了晚期！”

“不要那么赶，不是还能临时抱佛脚吗？”

“睡什么睡，起来嗨！”

在朋友眼里，我也是一个十足的懒人，平时懒得出去走动，懒得打电话，懒得聚会，懒得写稿子。我倒不是“以懒为荣”的人，而是被“懒癌”感染的无辜受害者。

很多自由撰稿人都有拖稿的坏习惯，我的一位同事，就是一位资深的拖稿症患者。

他习惯了晚睡晚起，每天醒来已经是中午了，还要赖床刷刷微信、看看视频，等洗漱完毕，吃个快餐，基本已经是下午两三点了。

这时候，他才急匆匆地打开电脑，想起手中还有几份火急火燎的稿子要交。

可是，才刚敲出几个字，手机又收到了微信的推送信息，正好是他所关注的内容；刷完微信，一直在追的美剧又更新了，他觉得时间还来得及，又看了两集美剧；看完美剧，发现群里正聊得火热，他又忍不住扯上几句；刚聊完天，游戏好友又在召唤他……

几场厮杀后，夜已深，又到了晚饭时间……稿子呢？还是明天再写吧！

同事的“懒癌”已经到了晚期，他自己却不以为然，还说“晚起毁上午，早起傻一天”。

我记得小时候，爷爷也给我讲过两个懒人的故事，至今仍然记忆犹新：

六月，黄灿灿的杏子挂满枝头，如此诱人。

一位懒秀才头枕着双手，躺在杏树下，嘴巴张得大大的，一动不动地盯着树枝上熟透的杏子。一位路过的农夫看见后，很不解地问他：“你这是在干吗呢？”

懒秀才没有动一下脑袋，十分慵懒地说：“我在等杏子掉进我的嘴里呢！”

他脑袋旁边有好几枚杏子，差点就掉进他的嘴里了。

农夫轻蔑地说："你也太懒了吧！想吃杏子又懒得去摘，还想让我帮你吗？"

懒秀才说："好啊，你帮我把地上的杏子放进我嘴里……"

农夫也很热心，想要帮一帮这个懒秀才，只是他懒得弯腰，懒得伸手去捡，于是用脏兮兮的脚夹了一枚杏子扔进了懒秀才的嘴里，懒秀才还吃得津津有味！

菲律宾著名外交家罗慕洛说过："我是懒人，难道不能为懒惰找点依据，以成懒人之美？"

罗慕洛的话让我想起了管理学上的"懒蚂蚁效应"：工蚁一直被称为最勤劳的精灵，不过生物学家发现，工蚁作为群体好像整天都在忙碌中，作为个体却把大半时间用在花影叶下。工蚁偷懒一是为了调节自身，二是为了保持与自然环境的和谐，如此一张一弛。

"懒蚂蚁效应"在公司里表现为一个公司或团队里面，那些核心人才懒于杂物，勤于动脑，拥有超乎常人的技能与远见。这些人才善于"偷懒"，也懒出了新境界。只是，"懒蚂蚁"型人才只是很小的一部分，如果你没有那种能力或远见，就不要随便以此自诩了。

很多人喜欢科比，不仅仅因为他精湛的球技和难以超越的战绩，还因为他的努力与勤奋。

科比曾经说过："我最无法容忍那些懒人，我和他们的语言不同，也无法理解他们……如果我不说这些人又懒又蠢，那什么问题也解决不了。"

科比的努力是有目共睹的，"洛杉矶凌晨四点"的故事更是家喻户晓。如果你还不够努力，又凭什么说自己到了"懒癌"晚期？凭什么总是在朋友圈里秀自己的拖延、抑郁和失眠？

我听过一句最犀利的话："你所谓的抑郁症不过是矫情，你所谓的拖延症不过是懒，你所谓的失眠只是因为不困！"很多人说自己情商低，不愿意付出太多努力，也只是因为懒。

成长会告诉我们，懒人自有“懒报”，为什么走上红毯的人不是你？站在领奖台上的人不是你？被掌声和鲜花簇拥的人不是你？为什么开名车、坐头等舱的人不是你？拿着高薪、工作惬意的人不是你？答案其实很简单，只是因为你太懒！

所以啊，太懒的男孩最后都变成了这样子——干着最累的体力活，拿着最低的薪酬；吃不完的方便面，抽不完的低档烟。太懒的女孩子都变成了这样子——穿最廉价的地摊货，用最劣质的化妆品，交最懒的男朋友。

对于“懒癌”患者来说，床的魅力是无穷大的，谁忍心让一床温暖舒适的床空荡荡地留在房间里呢？你晚上本来想要加班赶做一个方案的，结果又遇到朋友请吃饭，于是你想：晚上回来加班一个小时也就赶出来了。晚上赴约，吃饱喝足，回家就倒在床上再也不想动了。

这时你又想：明天早起一个小时，肯定能够赶出来的。

第二天，你的闹钟肯定是“失灵”了。醒来时间已晚，手忙脚乱地穿好衣服，匆忙洗漱，然后冲出门去追公交车……如果运气不好，遇到交通拥堵，上班迟到就无法避免了。

这一系列墨菲定律都是“懒癌”造成的。如果你已经对此忍无可忍，就开始行动起来，做出一些改变吧！调整休息时间？勇于行动？给自己制定目标？我想你能够想出的办法一定比我多，只是你需要有想要改变的心态，不再因为懒而降低自己的情商。

## 所有的错误都只能由自己埋单

小时候犯了错，我们会像小鸵鸟一样躲进父母怀里，只要小脑袋埋得够深，就不会大难临头。这样的娇惯一直伴随着我们成长，以至于很多人长大了、犯错了，仍旧习惯性地寻找庇护，不愿意为自己的错误埋单。

我很羡慕自己的朋友，他有机会出国留学，在美国深造，一直待在国外工作、生活、学习……前段时间他回国，和我讲起了国外的各种趣事，真是开了眼界啊！

朋友住在旧金山郊区，他的邻居是一对和善的美国夫妇。一年圣诞节，这对夫妇的小儿子在自家门前玩耍，不小心将手中的篮球砸向了朋友家的落地窗，一块玻璃碎成了碴碴。

小男孩因为害怕躲了起来，朋友却看得一清二楚，不过他认为一块玻璃并不贵，也不打算去追究什么。那天已经很晚了，卖玻璃的商店都关了门，朋友只能等第二天再去买。

没想到，第二天大清早，闯祸的小男孩就在玻璃店员的帮助下，送来了一块崭新的玻璃。

小男孩有点害羞，小声地说："对不起，叔叔，昨天不小心砸碎了你家的玻璃，因为太晚商店都关门了，所以只能等到今天早上才给你买了一块玻璃送过来……"

朋友为这个小男孩有这样的勇气来承担自己的过失感到十分惊讶。他原谅并喜欢上了这个小男孩，请小男孩吃了早餐，还将一袋"中国饼干"塞进了小男孩的口袋里。他以为，事情总算有了一个圆满的结局。

然而，那天下午，邻居夫妇又领着小男孩登门造访了。

他们将那袋"中国饼干"原封不动地还给了朋友，还说："孩子犯了错，要为自己的错误埋单，不应该得到奖励的！他赔偿你家的玻璃，几乎用掉了所有零花钱，但是我们不会给他任何'补助'。如果钱不够，我们会考虑借给他，但是他必须有自己的'还款'计划……"

夫妇俩的一番话，听得朋友大汗淋漓，他想：如果在中国，孩子犯了同样的错误，父母为他埋单不是"天经地义"的事情吗？孩子没有成年，就像不用为自己的错误承担责任一样。

朋友说，那对美国夫妇挺现实的，对自己的孩子也那么"苛刻"，可是又让他感到震惊，毕竟中西方的教育方式不同，如果那样能够让孩子从小学会为自己的过失埋单，为自己的错误付出代价，未尝不是人生的宝贵经验呢？

一个人在犯错之后，不愿意为自己的过失埋单，而是一味地推脱和逃避责任，最后只会自食其果、伤害他人。有人认为，现实的世界不会袒护任何人，而只会公正地奖惩。可是在很多时候，我们又会为别人的错误埋单，因为别人的过失而付出代价。

一些人总是惹我们生气，他们的行为及言论很容易让我们火冒三丈。"真是气死我啦！"仔细想想，其实是别人在犯错，而我们自己受折磨。如果惹我们生气正是对方的目的，那他很容易就做到了；如果不是，我们生气又为什么呢？

以前经常听一个电台，本来是喜欢里面的一个音乐节目，后来却被一个交通求助类节目吸引了，因为里面总会有形形色色的人打来“求助”电话，尽显人生百态。

有一次，城中发生了惨烈的交通事故，一位伤员需要立刻送往医生抢救，却被堵在了半路上。那档节目的主持人一边实时播报路况给接送伤员的的哥，一边呼吁其他车主见到急救车时能够为其让路。半小时后，的哥打电话到直播间，说已经将伤员送到医院，非常感谢一路上主动让路的车主们，说他们是世界上最可爱的人。

这样温馨、充满正能量的故事，不免让人感动，甚至能让堵在路上的焦灼心情平静下来。有时候，那档节目也会接到一些“滑稽”的电话，比如，有位听众打进电话，说自己必须赶在八点前去海关签一份协议，不然就需要赔偿好几十万的违约金。他说得声泪俱下，可是我在想，如果自己在路上遇到这辆车，会不会主动“让路”呢？尤其自己也很赶时间的情况下……

在现实世界里，我们都会遇到需要别人“让路”的情况，但不是每一次都会有人愿意牺牲自己的时间和行程，给一个素不相识的人“让路”。因为每个人都走在自己的路上，为什么非要牺牲自己，成全别人呢？况且，我们没有义务去为别人的过失埋单。

我想，很多人都遇到过“强行插队”的人，特别是在万分紧急的情况下。

去年有事飞去广东，由于时间安排不当，机票需要改签。为了不影响行程，我和朋友提前两个小时就到了柜台前去排队，终于轮到我们时，身后突然有旅客冲上来，大嚷着说：“我的航班马上要起飞了，能不能插个队啊？”

我的航班不是特别急，便给他“让路”了。没想到几分钟之后，又有一位旅客急匆匆地跑过来说，自己快误机了，希望能插个队……虽然我的时间并不是很赶，可是这样的“强行插队”仍然让我感到不悦。这时，办理手续的工作人员对排队的旅客说：“大家不要找理由插队，谁都很赶，请按顺序来办理登机手续！”

在某些特殊情况下，给别人“让路”是一种美德。可是，一个人要有自己的行为准则，要学会为自己的错误埋单，这也是立足于现实的基础。如果我们的“让路”是以牺牲自己的时间为代价，而他人的“特殊情况”只是一种含糊的概念，甚至是他人的过失及错误造成的，那么我们就没有必要为其埋单，否则那和道德绑架有什么区别呢？

哲学家安·兰德有一部捅道德“马蜂窝”的作品叫《自私的德性》，里面有一段十分经典的论述：理性的人绝对不会盲目地去迎合他人的非理性、愚蠢或欺诈，因为他们有自己的标准及判断。所以，我们没有责任去为他人的错误或不自律“让路”，那样只是纵容他人的错误而已。所有的错误，都只能由自己埋单，这就是现实的世界。

人要学会自律，也要学会保护自己，要为自己的错误负责，也不要成为别人的牺牲品。

## 为何你总是受到打击的那个人

> 你不要总是抱怨现实给你太多打击，其实是你的内心过于脆弱了。如果你的喜怒哀乐都取决于别人的言行举止或者外界的风吹草动，那你就不能算是为自己活着，而仅仅是别人的傀儡，是被现实所玩弄的木偶。

在国内某档心理访谈类节目上，一位女嘉宾说自己长得不漂亮，所有人都看不起她，朋友同事都挑她的毛病，上司也总是刁难她。如果有人在她背后交头接耳，她就会莫名地气恼，总觉得别人在谈论甚至取笑她。

在她看来，整个世界都在与她作对，处处都在打击她。所以她决定去韩国整容，要隆鼻、抽脂、丰胸。结果呢？整形回国后的她，仍然处处受到打击，别人说她“假”，说她的鼻子是歪的，说她还没有以前真实可爱了。

事实上，这位女嘉宾原先长得并不丑，五官端正，眼睛圆圆的，只是脸上没有青春女孩应该有的阳光气息。她的表情总是显得很委屈，还带有一丝哀怨，看起来十分阴郁。如果她能够放松自己的面部表情，加上女人天生的化妆技巧，大可以改变自己的气质。

可惜，她内心的不安与猜疑破坏了所有。她认为公司质检部门的工作人员在找茬，可质检人员的本职工作不就是挑错吗？她觉得自己不够漂亮，所以质检人员才故意针对她的。她还说上司总是来找麻烦，其实同事们也被上司批评过，别人能够调整好心态坦然接受，她却感到备受打击，不断埋怨这个世界的不公平，难道真是这个世界的问题？

女嘉宾讲述完自己的经历后，心理学家走到主持人身边耳语了几句，然后回到座位上问女嘉宾："你觉得刚才我和主持人说了什么？"

女嘉宾很肯定地说："是在讨论我的长相或穿着，至少是在说我……"

心理学家笑了笑说："你听到我们说什么了吗？"

"没有。"

"那你听到那些'议论'你的同事说什么了吗？"

"没有。"

"这样说来，你并没有亲耳听到他们说你的坏话，只是你主观是那样认为。"心理学家继续说，"其实刚才我只是建议主持人将背景音乐弄得柔和一些，主持人说她注意到你脖子上的项链很漂亮……"

女嘉宾有点不好意思，脸颊上出现一片绯红。

心理学家又说："当有人从我们身边经过时，我们都会下意识地瞄上一眼，这并不代表我们会去谈论这个人，更没有必要去说这个人的坏话。"

女嘉宾反驳说："然而确实有很多人说我不会打扮自己，说我长得不漂亮……"

"这个世界就是如此现实，不是每个人都会像亲人、朋友那样关爱照顾我们，有的人甚至会故意伤害我们。面对伤害我们的人，难道我们就应该被打击，然后退避三舍吗？"

心理学家的这番话让女嘉宾十分受益，她终于明白，这个世界上能够打击自己的人只有自己。面对别人的打击，自己可以坦然面对，只要内心强大，就能做到刀枪不入。

你是否也很在意别人的一言一行，很在意别人是否喜欢你，每天都在猜测中度过？一个人如果总是被自己内心的不安所束缚，就会让自己一味地软弱下去，在外界的打击中倒下。现实生活中很多美好都是在无谓的不安与软弱中日渐消糜的。

在现实的世界里，没有谁能够取悦所有人，就像淅淅沥沥的春雨，在农夫看来能够滋润麦苗，在行人看来却是恼人的泥泞。你要记住，哪怕是手艺最精湛的厨师，也不可能满足所有人的胃口，因为众口难调，有人偏爱清淡，有人无辣不欢，有人却喜咸。生存于世，最应该了解的就是自己的优缺点，不卑不亢。

当别人打击、毁谤自己时，要想起自己的优点，想起自己最有价值的地方，并且告诉自己："别人根本不了解自己，自己没有别人说的那么差。"

当别人夸赞、逢迎自己时，也要提醒自己不要迷失，要想起自己的不足之处，告诉自己："别人并不了解真实的自己，自己也没有别人说的那么好。"

国外有一位画家曾经做过一个试验，专门请人指出自己作品的缺点，结果被批评得一文不值。受到打击的画家向朋友讲述了这件事情，朋友建议他说："同样是这幅画，你让别人来找出它的优点，看结果会怎样。"

第二天，画家按朋友的方法再次展出自己的作品，结果被夸得十全十美。

画家终于明白了，无论自己的作品多么完美，总会有人批评；无论自己的作品多么糟糕，也会有喜欢，所以只要安心画好自己的画就行了。

美国"天才老爹"比尔·寇斯比在新片的宣传会上谈论过自己的成功秘诀，他说："我并不知道自己成功的秘诀是什么，可是我知道失败的秘诀是什么，那就是想要取悦所有人。很多人之所以失败了，并不是因为他缺少成功的资本，而是妄图取悦所有人，结果一事无成。"

如果你活着是为了取悦他人，总是受到打击就不奇怪了。

一位很有写作天赋的网络写手对我说，有读者在他的微博上留言打击他，说他根本不适合写作，就算写了小说也出版不了，还说他的文字就是小学生水平。为此，他感到十分委屈，还说以后都不想再写东西。

我感到很不理解，一位写作人才因为读者几句打击的话，就要放弃自己的写作梦想了？这不是典型地将自己的人生寄托于别人的评价之上吗？

在现实的世界里，我们必须让自己内心强大，不要因为别人的打击而独自难过。要知道，还有一些人喜欢用讽刺别人来证明自己的存在感，他们会故意打击你，让你无地自容。遇到这样的情况，你要充满自信地肯定自己，因为打击你的人不一定比你优秀。

人生不会因为别人的打击而贬值，只要内心足够强大，百炼终将成钢！

## 当一腔热血变得一文不值

你努力过，却失败了；你的一腔热血，最后变得一文不值。这是现实的教科书，不是所有努力都能换来成功，放弃努力就一定输得很惨！

有一段时间，南方某大学礼堂内的励志成功学演讲视频在网上被疯传。视频中，声情并茂的励志问现场的大学生："相信努力不一定会成功的同学请举手。"

现场近60%的大学生毫不犹豫地举了手。

大师再问："相信努力就一定会成功的同学请举手。"

结果只有20%的大学生举了手。

另外一小部分没有举手的大学生，可能正处于不确定状态。

面对这样的结果，励志大师说："认为努力一定会成功的人，并不是被心灵鸡汤所毒害了，而是充满了智慧，他们坚信努力会带来成功，这样坚定不移的信念就是成功的保障。"

我很赞同这位励志大师的说法，成功的重点不是努力了就会成功，而是一直抱着努力的信念。现实的世界不会给你任何“情面”，不会因为你努力了，就必须给你相应的回报。

从上学到工作，再到生活，我们听得最多的一句话就是“努力，努力，再努力”，只有努力了才能取得好成绩，只有努力了才能找到好工作，过上好的生活。

然而，现实的世界给了我们不同的答卷——有人刻苦学习，不分昼夜地背诵课文、单词和语法；也有人成天玩乐、各种舒坦。星期天，有人忙着逛街，和游戏队友披甲厮杀；有 人却趴在书桌上啃书，解析各种几何题……

最后的结果是怎样呢？有人废寝忘食地学习，却只考进了一所普通的大学，而那些平时看上去并没有多努力的人，却收到了众人梦寐以求的大学录取通知书。

多数人无法接受这样的现实，心里在思忖：难道自己还不够努力吗？别人玩乐的时候，自己明明在努力学习，甚至恨不得把一天的时间掰成两天来用，结果却并没有什么用。自己呕心沥血才换来的大学录取通知书，别人却不费吹灰之力就获取了。难道真是智商或天赋的问题？如果在自己并不擅长的领域，付出再多努力也只是徒劳吧！

去年和自己的恩师去市展览馆看画展，那些充满奇谲想象力的作品让我感到十分震撼。我不禁对恩师说：“能够画出这样的作品，真的需要很大的天赋啊，普通人肯定画不出来。”

恩师却不赞同，他说：“我没觉得这些作品有多好啊！你看看那边那幅，看起来就很幼稚。如果你待在大学里天天画画，恐怕水平都比这些作品好很多。”

我知道恩师是在夸我，不过也有一定的道理。我记得成功学大师卡耐基也说过，如果一个人能够每天花两个小时在同一件事情上，两年以后他就能够成为这个领域的专家。或许正因为如此，当一个人在某个领域取得一定的成就后，才会受到别人的非议：“那也没什么厉害的，只要我努力了，也能够像他那样，甚至比他更好！”

可事实上，就算你付出了别人那样多的努力，也不见得会比别人做得更好。

正如那次画展，我想很多人小时候都喜欢画画，都有一个成为画家的美好梦想。可是每天面对那些不苟言笑的白色雕像，每天画着同样枯燥的线条，又有几个人能够真正坚持下来呢？所以，有的天赋其实是在不断重复的努力与坚持中被打磨出来的。问题是你努力过，还是一直在努力。

如果没有太多条件的硬伤，任何领域都能够通过努力来获得成功的，这是不变的真理。比如，我的声音条件有限，五音不全，如果想成为一名歌唱家，可能会很有难度，甚至可能让自己的一腔热血变得一文不值。但是我想成为一名演说家、一名主持人，却是有可能的。

一位销售员每天拜访几十位客户，下班时间还忙着和客户聊微信，想要亲近客户，让自己把东西卖出去。他每天做得最多的事情，就是揣摩客户的心理，盘算着如何提高自己的业绩。为了做成一个单子，他说了很多话，走了很多路，费了很多心思，一个月到头却只做成几个小小的单子，这样的结果明显和他的努力不成正比。

月末公司评选销售冠军，他以为老板会因为他的努力而夸赞几句，没想到上台领奖并接受表彰的人，竟然是另一位靠家族关系做一笔大单的同事，这让他更受打击。他很清楚自己付出了多少努力，关于销售的书籍他看了一本又一本，整天想客户之所想，爱客户之所爱，费尽了千辛万苦才取得那样的销售成绩。

另一位同事呢？仅仅靠关系就签了一个大单，这个大单还是自己辛苦一个月的销售总和。他感到很不公平，自己没有任何背景，所有的努力在关系面前都显得那样单薄无力。

面对这样的“不公平”，很多人不免轻蔑一笑。这可以成为你不去努力的理由吗？在现实面前，有无数条路给你选择，有的平坦如同康庄大道，有的崎岖多坎坷，有的捷径只属于别人。如果你和竞争者的目的地在同一个地方，你们有不同的路可以选择，别人有资本选择捷径，你就只能通过努力来弥补了。这有什么不公平的呢？

上面那位销售员并没有因为一次“失败”而放弃自己的努力，在之后的三个月里，他的业绩不断攀升，后来还成了销售部经理。而那位靠关系“夺冠”的销售员呢？当关系用尽之时，他的努力也显得那样微不足道，后来因为业绩不佳自动离开了公司。

这就是努力和不努力的结果，或许每个人都拥有不同的起点、不同的人生高度，可这并不是人生的最终高度，想要实现梦想，需要你的一腔热血，更需要你无所畏惧、风雨兼程。你要知道，决定最终成败的可能并不是所谓的天赋或者人生“起跑线”，而是坚持加上努力的实际行动。你的努力可能并不无收获，但不会次次无收获。

我身边有很多搞写作的朋友，有的混得比较好，有的却郁郁不得志。于是，我总是能够听到这样的抱怨：“我以前傻傻的，总把自己当成文艺青年，总爱读一些文学作品，现在我不会那么傻了，而只会花时间去看一些有用的工具书，这样做没错吧？”

“我一直没有什么名气，也没有注册过任何文学网站，可是我有时间就会写作，这个习惯可能会一直持续下去。我的文章何时能够吸引到粉丝的关注，何时才能被编辑看中呢？”

“我很爱写作，却没有天赋，也不知道如何寻找灵感，你说我是不是应该放弃呢？”

对于这些朋友，我只会告诉他们：“问自己两个问题：第一，在这个领域是否有天赋上的欠缺？第二，你付出的努力足够多吗？”

一个人的努力不是一蹴而就的尝试，而是日积月累的坚持。

# 第二章

# 是这个世界太偏激，还是你的格局太小

## 所谓迷茫，不过就是你的才华配不上你的梦想

现实的世界里并没有怀才不遇的事情，很多人之所以感到迷茫，感到郁郁不得志，也是因为自己的才华还不足以撑起自己的梦想。

你的梦想很高远，现实却拖了你的后腿，让你想飞却飞起不起来，飞不起来却还是想要飞，最终陷入无边无际的迷茫之中。

你有没有想过：你之所以会迷茫，只是因为你的才华配不上你的梦想。

某次饭局上遇到一个漂亮的女孩，她的梦想是考上公务员，所以她每年都会考，只是每次都失败了。吃饭的时候，她又说起自己在南京当兵的经历，好像吃了不少苦。

不过，这些都不是她引以为傲的东西，她认为自己最擅长的事情就是知道如何去揣测领导的意思，对于官场中的各种厚黑术了如指掌，更懂得如何在职场上明争暗斗。

整个饭局中，她总是慷慨激昂地发言，俨然是全场的焦点人物。

事后才听朋友说起，那个女孩其实就是能说，在现实工作中十分懒散，眼高手低，怎么可能考得上公务员。她只是给自己找了一个听起来比较体面的梦想，

让自己有所追求。实际上，她一直没有考上公务员，也没有为此付出过努力。

我认识一位做编辑的女生，她在一家杂志社工作快5年了，仍然总被主编批得皮无肤。

每次遇到这样的情况，她都会咬着牙齿放狠话："如果主编再说我，我就立刻走人！"这样的狠话她已经说了无数遍，浑浑噩噩在同一家杂志社待了5年也没有离开过。

一次书友聚会，我问她："以后你真的离开了，打算做什么呢？"

她想了一下，回答："我就是不知道自己能做什么，所以才没有辞职的。现在的我可迷茫了。"

我大概知道她是一个怎样的状态了，于是又问："你有没有什么特别想做的事情？从小到大都想实现的梦想呢？"

她突然变得兴奋起来："当然有啊，我一直想出国，想在国外找一份工作。"

我有点不解地问："很好啊，为什么没有这样做呢？"

她说："我的英语还没过六级，其他外语也不会，出国了可能连沟通都成问题。"

确实，梦想听起来都很美好，现实却又那样骨感。我很好奇："为什么选择做编辑呢？"

她像是受到了打击一样，弱弱地说："大学主修汉语言，不想做老师或公务员，能够找到比较适合自己的工作也就只有编辑了。"

我点点头。

她又继续说："本来当初进入这家杂志社只当是一个过渡，等有机会再跳槽，没想到在这里一干就是5年，也不知道怎么过来的。"

我挺同情她的，却只能安慰她说："稳定也未尝不是一件好事。"

她笑了："我不喜欢这样的稳定，现在挺迷茫的，不知道以后何去何从……"

书友会结束后，她将自己的签名改成了：“如此迷茫，不知道为何而活，或许坚持也是一种沉沦，随遇而安吧！”

看到这句话，我还挺受触动的，就像看到曾经的自己一样。对于很多人来说，迷茫就是生活的常态，如果觉得自己的梦想触不可及，也仅仅是因为自己的才华配不上自己的梦想。

你的梦想可以很远大，但是不要让你的才华过于贫瘠。一切要从实际出发，千万不要眼高手低，只是想得很遥远，现实却只仅仅走了一小步。最可怕是生活处于静止状态，就算梦想再绚丽，也会因为才华的不增长而渐渐枯槁。

我相信很多人都有过怀才不遇的时候，所以自命不凡、心比天高，认为自己才高八斗，却遇不到识人的伯乐。这样的人都过于盲目地自信，总以为自己要做大事情，会取得大成就，所以对于眼前简单、枯燥的工作往往不屑一顾。

其实，现实的世界里很少会出现怀才不遇的情况，你有能力就会到得发挥，你有才华就能撑起自己的梦想。最怕那些没有才华，又死撑梦想的人，他们总是在抱怨和抑郁中度日，明明才华不够，又没有好好充实自己，最后只能在迷茫中失去自我。

几年前，毕业于名牌大学的朋友只身去北京，只为了实现自己的梦想。

他一直想成为一名出色的培训讲师，没想到在北京却找了一份产品销售的工作。负责面试的主管拍了拍朋友的肩膀，谆谆说道：“每个来我们公司应聘的员工都拥有远大的抱负，你和他们相比自然有更出色的地方。不过你的相关工作经验并不丰富，专业也不对口，以你现在的资历是做不了培训讲师的。如果你能够安心从产品销售做起，慢慢积累经验，或许过不了几年就有能力做讲师了……”

朋友没有因为主管的“教诲”而感激，反而觉得很气愤，因为主管直接否定了他的能力。但是想想自己口袋里剩余不多的钱，他也只能忍气吞声，默默接受了主管的安排。

试用期三个月，朋友的销售业绩没有太大的进展，其实朋友自己很清楚，仅仅是内心的不甘，在和客户交流时总是没好话，为此还被客户骂过。

三个月之后，朋友终于无法忍受了，他觉得自己的才华完全没有得到施展，待在这家公司永远没有出头之日。于是，他向主管提交了辞职报告。

主管一直很欣赏他，问："干得好好的，为什么要辞职呢？"

他说："我的梦想是当一名培训讲师，不是来做销售的。每天对客户低三下四，我真的做不到。"

主管顿了顿说："如果现在给你一个上台讲课的机会，你觉得自己能讲吗？"

他拍着胸膛，信心十足地说："绝对没问题！"

"那好，给你一天时间准备，明天晚上下班后，你在公司试讲一下，看看效果。"

朋友欣然同意了。那天心情特别愉快，几乎是小跑着回家的。

然而在准备培训资料和练习演讲时，朋友才知道讲课比自己想象的难太多。他熬了一晚上没睡觉，还挂着黑眼圈忙碌了一天，仍然没有将讲课内容记下来。

这时候他已经感到后悔了，为什么自己要夸下那样的海口呢？

第二天下班后，主管将公司里的一百多人聚集在会议室里，准备听朋友讲课。

朋友紧握着拳头走上讲台，脑袋中想好的台词早已忘得一干二净，他支支吾吾说着，连自己都不知道在说什么。台下也只是偶尔发出几声尴尬的笑声。

朋友终于明白，自己的能力还是太过欠缺，离自己的梦想也太过遥远。如果自己有大才华，就去勇敢追求自己的梦想；如果自己的才华配不上自己的梦想，就要放下架子，安静地充实自己，不断汲取营养，努力做好当下的工作。

你的梦想永远不会太过遥远，只要你的才华日渐丰满。

## 没人会阻止你出人头地，你错在自我设限

别人花一天能做好的事情，你需要花十天时间；别人用一年能达到的水平，你需要花十年时间。这不是个人能力上的差距，而是心理高度上的差距。这个世界，人人都忙碌于自己的事情，没人会阻止你出人头地，你只是错在自我设限。

英国拜伯里小镇上有一个小女孩，她从小就没有父亲，是个私生子。

她的童年过得很不开心，因为所有人都歧视她，也没有一个小伙伴愿意和她玩。她耳边听到最多的一句话就是："她没有父亲，是个没有教养的坏孩子。"

时间长了，"没教养"的标签被贴进了她的心里。她经常打架骂人，只要是"没教养"的事情她都会去做。因为这样，她变得越来越自卑了。

13岁那年，她遇到了改变她人生的牧师。每个周末，其他孩子都和父母一起去教堂做礼拜，她却只能远远地观察教堂里发生了什么好玩的事情。她心里很羡慕那些孩子，自己也想走进教堂，可她又认为自己"没教养"，所以没有资格像其他孩子那样走进教堂。

有一次，她躲在葡萄架后面偷偷地看着人们从教堂里走出来，正准备悄悄离

开时，突然有人从身后拍了拍她的肩膀。她惊慌失措了一下，回头看到一张慈祥的脸。这时周围的人都说："牧师，你可不要招惹这个'没有父亲，没有教养'的女孩。"

牧师没有在意别人说什么，而是十分温和地说："你是谁家的孩子？"

小女孩面露难色，瑟缩着身子，不知道应该如何回答。她甚至没有勇气面对这个问题。

牧师好像明白了什么，他用温暖的双手抚摸小女孩的头，说："其实你和其他小朋友并没有什么区别，无论你的过去有多么不幸，那都是你的过去，重要的是你要对未来充满希望。你有权利做出选择，选择自己要过怎样的人生。所以，你不必感到害怕、自卑或迷茫……"

小女孩被牧师的话深深震撼，她渐渐变得自信乐观起来，这给她的人生带来了质的变化，让她努力生活，积极把握生命中的每一次机会。

最终，她成为一名出色的商人，并且利用自己赚到的钱成立了许多慈善基金，帮助了许多无家可归的孩子。试想一下，如果小女孩没有在牧师的开导下勇敢地突破自我设限，可能她一辈子都只是一个"没有教养"的孩子。

世界如此现实，假如你内心设限，总是背着沉重的枷锁生活，总是在扼杀自己的梦想与欲望，那么永远都只能卑微、懦弱地活着。相反，假如你能够勇敢突破自我设限，就能够不断超越自我，成就卓越。你将成为怎样的人，完全取决于你认为自己能成为怎样的人。

体育界曾经有一个"4分钟之内无法跑完1英里"的传说。

在1954年以前，各国生物学家及医生进行了大量实验，用以证明人类的运动极限，即人类无法在4分钟之内跑完1英里。这一结论也被世界顶尖运动员证实了，他们能够跑出4分零3秒、4分零2秒，可是没有一个人能够在4分钟之内跑完1英里。

后来，罗格·班尼斯特出现了。他用一种挑战权威的语气说："根本不存在什么人类极限，人类完全可以在4分钟之内跑完1英里，不信我可以证明给你们看……"

那时候罗格还在牛津大学攻读博士，同时也是一名优秀的长跑运动员，他最好的成绩是4分12秒跑完1英里，和"人类极限"还有一定的差距，所以没有人相信他的话。

罗格却坚信自己的想法，他每天刻苦训练，不断突破自己的极限，从4分10秒到4分5秒，再到4分2秒，终于在1954年5月6日，他在自己的母校牛津大学，用3分59秒跑完了1英里，震惊了整个世界。一时间，世界各大媒体以"人类极限被突破""科学权威遭到挑战""他将不可能变成可能"等为标题，对罗格事件进行了报道。

仅仅几个星期后，澳大利亚运动员约翰·兰迪就用3分57.9秒的成绩打破了罗格的记录。第二年，有37名运动员打破人类极限，在4分钟之内跑完了1英里。第三年，又有300名运动员成功挑战人类极限，完成了"不可能完成的事情"。

很多人都感到很惊奇，为什么会出现这样的情况呢？难道是运动员更努力了？还是发明了什么高科技运动鞋？其实，"4分钟之内无法跑完1英里"的传说并不是真正的人类极限，也不是医生、生物学家和科学家所设定的物理极限，而是人们的自我设限，是自己设置的心理障碍。罗格·班尼斯特打破的也只是人类的心理障碍而已。

事后，罗格对记者说："那时我没有再意识到自己的动作，而是感觉自己和自然融为了一体，我发现了力量与美之间新的来源，那是我之前从来没有感受到的。"

我想，这便是拓展了思维格局的力量，这种力量能够帮助我们发现全新的自己，突破一切不可能。如果你的内心坚信"4分钟之内无法跑完1英里"，那么你永远无法打破这个“极限”，永远无法创造新的可能。这样的人无论做什么事情，都会给自己设下一个局限，而这个局限会束缚自己潜力及思维，从而形成一种心理暗示。每当你要触及这个局限时，内心总有声音告诉你：“你不可能超越它！”这样，你的行为始终在这个局限内，永远无法突破。

老板给你一个工作任务，你觉得自己能力不够，经验尚浅，所以做起来力不从心。

你一直拥有创业的梦想，尽管你有丰富的经验和精湛的技艺，但是你认为筹集资金太难了，所以一直没有筹到钱。

你爱上了一位女孩，你想追求她，可是觉得自己不帅，没车没房，所以一直没有追到。

你去参加一个酒会，觉得自己酒量不好，肯定会喝醉，结果没几杯你就倒下了。

你陪朋友去逛商场，朋友想买小黄人背包，你认为那个商场里可能没得卖，所以没走几圈就准备离开了。可事实上，你们曾从小黄人背包旁边经过，只是没有注意到罢了。

在你的生活中，是不是有很多这样的时刻呢？

美国前总统罗斯福说过：“未经你自己的许可，没有人有资格觉得你低人一等。”每个人都有机会成为卓越的人物，却只有极少部分人达到了那样的心理高度。一个人所能达到的高度，就是那个人在心理上为自己设定的高度。

如果你在内心认为自己能够成为一个出类拔萃的人，那么你就有可能取得非凡的成就；如果你在内心认为自己平凡无奇，那么你可以一生都碌碌无为。

## 记住，无论你抱怨谁，那都是在骂自己

诚然，一个人如何行动，在于这个人的内心拥有怎样的格局。一个人想得多，做得少，抱怨越多，离成功就越远。记住，无论你抱怨谁，那都是在骂自己。

为什么现在的人都喜欢抱怨?

因为抱怨是一种宣泄，也是一种平衡。现代人面对巨大的精神压力，都希望通过抱怨发泄出来。一时的抱怨人们还能容忍，习惯性的抱怨就让人无法接受了。

现实生活中，还有一些人为自己的抱怨寻找各种借口，甚至进行“美化”。

有的男人喜欢通过抱怨来彰显自己的身份多么尊贵。他抱怨得越厉害，就表明他的权力越大。他可以无端地挑剔，对别人进行指责。他可以说：“这个项目是由我来负责的，你们做得还不够完美、不够精益求精，所以我有权力说你们……”他假借管理的名义，“理所当然”地释放自己的抱怨。

有的女人喜欢将抱怨当成一种“装饰”，她会抱怨生活中的各种不如意，把自己装扮成一个楚楚可怜的女人，以表达自己的内心，以博取他人的同感或同

情。她会说："这个世界太偏激了，处处针对我，而我只是一个柔弱的女子。"这样的表达会在不知不觉间发生，逐渐变成女人特有的表达方式。

一个拥有自我格局的人，在这个现实的世界里能够创造属于自己的价值与希望，而不依赖于他人。这样的人能够建立自己的调整机制，而不是遇事就只知道抱怨。

习惯性抱怨的人，多半是源于对世界、对他人、对自己的不满意。他们无法接受那样的现实，也不去寻找自身的原因，反而认为世界太过偏激。

人生于世，面对那些不尽如人意的事情，我们只能选择接受或改变。抱怨最大的功劳可能就是在接受之前给自己建起了一道屏障，让我们有机会怨天尤人：世界对我太不公平了？为什么这些事情会发生在我身上？为什么受伤的人总是我？通过这样的抱怨，或许能够证明自己的无辜与委屈，只是在抱怨的同时，你可能已经错失了解决问题的最佳时机。

有一次和朋友去深圳，刚从机场出来，就有一辆出租车开了过来。司机满脸堆笑地为我和朋友打开车门，并且顺手递过来一张名片说："我可以帮你们把行李放进后备箱里，你们可以先看看我的服务宗旨。"

我低下看了一下名片，上面印着一行字："我会在友好的氛围中，快捷、安全地把客人送往目的地。"我觉得挺有意思的，又将名片递给朋友看了看。

车子启动前，司机转过头来问我们："需要来一杯咖啡吗？我的保温杯里有，可以给你们来一杯。"

朋友觉得挺有趣的，故意说："谢谢，我不喝咖啡，我喜欢喝矿泉水。"

司机笑了笑说："正好，我这里还有一瓶矿泉水和一瓶可乐，你们要吗？"

朋友惊讶不已："那给我来一瓶可乐吧！"

我也觉得很神奇，坐个出租车还有这样的待遇？

司机又接着说："你们想看点什么吗？我这里有当天的报纸，还有一些杂志。”

我和朋友都有点错愕，不知道如何接话。司机又问：“车里的温度适宜吗？”

我以为自己受到了“特殊待遇”，于是问司机：“你对所有的乘客都这样好吗？”

司机憨笑着说：“也不是，我只是最近两年才这样做的，之前我和其他出租车司机差不多，大部分时间都心怀不平，整天抱怨，什么乘客没礼貌、素质太差、路况过于拥堵、路线过于复杂等。只是这样的抱怨除了影响自己和乘客的心情外，并没有其他用！”

朋友接上话茬问：“那你为什么做出改变了呢？”

“因为有一天，我在广播里听到一句话，那还是一位外国人说的。”

“什么话？”

“只有停止抱怨，你才能打败所有的竞争者。你想成为一只鸭子，那就‘嘎嘎’地抱怨吧！你想做一只雄鹰，就不要再抱怨，而是在芸芸众生里奋起高飞！”

司机说，他就是被这句话打动了，决心做出改变，要成为一只“鹰”。他观察过其他司机，他们的车内环境都很差，服务态度也不好，其实只要做出些许改变，就能做得更好。

在他做出改变的第一年，收入就翻了一倍。到现在，他的收入已经是其他司机的好几倍。

事后我才知道，能够和朋友坐上他的出租车简单是幸福到家了！那天他正好送了一位客人去机场，而通常情况下，他都不需要在停车场等人，他的客人从来都是打电话预约的。

我记住了旅途中的这位司机，也将他的故事讲给了很多出租车司机听，可是愿意像他那样停止抱怨、用心服务的司机却很少。那些没想做出改变的司机，仍然每天喋喋不休地抱怨。

每当遇到这样的司机，我都想说：真正优秀的人是永远不会抱怨的，而且无论你在抱怨谁，那都是在骂你自己。抱怨会影响你的心情，更会影响到你身边的人。

我听一位企业高管说过这样一段话："每一次面试，我都会问应聘者同一个问题：'为什么你会离开上一家公司？'如果对方的回答中都是抱怨，说原公司的人多么多么不好，原公司这里有问题，那里有问题，那么无论这个人多么有能力，我都不会录取他。因为一个整天只知道抱怨的人，注定会一事无成！"

在这位高管看来，公司里的抱怨者是最应该被拔除的。哪怕他们嘴上没有说什么，但是他们会用行动来宣泄自己的不满，并试图通过抱怨来证明自己是正确的，从而该得到认可，这才是最滑稽可笑的。

如果你了解抱怨所带来的负能量，就应该停止抱怨，更要离开那些喜欢抱怨、指责、随意发脾气的人——他们只想着把你拉进他们的感受里，而不是想和你一起解决问题。

## 排斥的正是你欠缺的，别只看你想看到的世界

人往往是这样，排斥什么，欠缺什么；又因为欠缺什么，最终失去什么。

朋友圈里有一个奇怪的人，他超级不喜欢吃胡萝卜，甚至连微信昵称都改成了“坚决不吃胡萝卜”。我感到好奇，便问他：“你和胡萝卜有什么深仇大恨？”

他说：“仅仅是不喜欢那种味道而已，从小到大都是如此……”

那次见面在潮州，他点的鸡肉饭里夹了几块胡萝卜，硬是换走了我的排骨饭。

其实，不喜欢吃胡萝卜的人，无法最大限度地吸收身体所需的胡萝卜素，这样会影响身体对脂肪的吸收，甚至可能引起消化系统疾病。再比如，你非常排斥豆类食品，所以你无法从食物中获取足够的蛋白质。

从食物及营养的获取中，我们能够看到一种规律：一个人往往是这样，排斥什么，欠缺什么；又因为欠缺什么，最终失去什么。食物及营养的摄入是这样的，人性的弱点和优势也是这样——我们所排斥的，可能正是我们所欠缺的。

一个人所排斥的东西也有好有坏。如果是排斥那些有悖常理、道德沦丧的事物，就是理所当然的，只会让我们的灵魂更加纯洁；如果是排斥一些自身需要的

东西，就会得不偿失了。

你和别人聊天时，由于交往尚浅，你对他的印象不好也不坏。这时候，没有其他因素的影响，在你的主观意识下，如果对方所说的话题正好和你相关，或者是你所拥有的东西，你就会对他所说的格外有兴趣，甚至会兴致勃勃地和他聊天，对他产生好感。

如果对方所说的话题你正好不了解，也和你没有半毛钱关系，可能你听几句就会感到厌烦。尤其当对方说起一些对你而言是陌生领域的东西，你可能会想早点结束聊天。

类似这样的排斥，其实就是彰显内心欠缺的负面排斥。在现实世界里，这样的负面排斥现象很多，比如，一个对“电商”很有了解的人，和一群不懂“电商”的人谈网络交易平台的发展趋势，肯定会让那些不懂“电商”的人听得云里雾里，失去兴趣；那些喜欢助人为乐的人在听了“学雷锋”的故事后会感动得流泪，而那些只顾自身利益的人听后只觉得故事中的人是伪善，是在作秀、哗众取宠，从而产生反感情绪。

人的负面排斥大抵如此，你觉得无趣是因为你没有，你反感是因为你欠缺，而有些让你感到无趣和反感的东西，正是你人生中所需要的，能够让你的格局更加丰满。所以，很多时候并不是这个世界太偏激，而是你的格局太小。

在修炼自身格局的过程中，你最应该找到的就是自身没有的，却又十分需要的“负面排斥”。这些“负面排斥”能够帮助你发现自己的缺点，不断完善自己，扩大自己的格局。

在现实生活中，我们通常会排斥和自己性格不一样的人，不想与他们为伍。其实，这些被我们所排斥的人，可能正好与我们互补，甚至可能成为影响我们最深远的朋友。因为排斥而去拒绝一些朋友，会让自己的朋友圈变得越来越单一，越来越单薄，最后只剩下自己的影子。人以群分，大多数人都有类似的特点，这样如何相互影响，共同进步呢？

以前我只喜欢读现当代文学作品，很少会去读中国古代的文学作品，甚至连四大名著都没有读完。我的内心是排斥的，总觉得人应该向前看，越是新奇的作品，越值得品读。然而，当别人说起三国里的人物关系，说起梁山好汉，而自己一脸茫然时，才知道自己所排斥的东西正是自己所欠缺的，自己所看到的世界只是自己想看到的。

后来，我开始读中国古代的文学作品，发现里面的故事，人物的刻画，语言的表达，完全不逊色于现当代的作品，甚至有很多创作技巧是现代人需要学习的。

我承认自己是一个爱憎分明的人，对于自己不喜欢的东西会尽量保持距离。但是渐渐我发现，尝试着去接受自己所排斥的事物，会给自己打开全新世界的大门。

以前不吃的东西，吃起来并没有想象中难吃；以前不想接触的人，性格也有可爱的地方；以前不肯去做的事情，其实也特别有意思。

## 甘瓜苦蒂，不愿意失去凭什么想得到

有的人害怕失去，总是把重要的东西攥得紧紧的，双手不空。有的人总想得到，什么东西都装进自己的内心，直到内心越来越沉重。

现实的世界那么不完美，我们内心的格局又那么褊狭。所以我们时常感到不安、患得患失，总以为拥有越多就越有安全感。

偶尔弄丢一样珍贵的东西，心里感到很懊恼，然而一段时间后便抛之脑后，这可能并不是一种失去，而是一种豁达；和相恋的人分手，心里惋惜很久，随后便平静如初，这不仅是一种洒脱，更获得了重新再爱的能力。

有时现实就是如此，你越是想要挽留一样东西，它便离你越遥远；当你不再苦苦寻觅时，它又离你那么近。人生的大戏就是这样，在怅然若失中体味失去的痛楚与得到的欢愉。然而，甘瓜总是伴随着苦蒂，不愿意失去又凭什么得到呢？

琪是一个养尊处优的孩子，在南方长大，毕业于一所师范大学。

她的父亲在教育局工作，本来给她安排好了工作，去南方的一所重点中学教书。她却选择了另外一条路，响应国家支援边境教育事业的政策，提着行礼去到了新疆阿勒泰地区。

琪的举动让家人和身边的朋友都惊呆了。他们都说琪就像二十世纪五六十年代的知识青年上山下乡一样，是无私、大无畏的表现。琪自己也不知道这样的选择算是一种失去，还是一种得到。

她被分配到阿勒泰地区最远的一个乡。那所学校的学生都是哈萨克族。那里的自然环境还很恶劣，除了刮风就是下雨。她本来是来教语文的，结果那里的语文课都是哈萨克语，这让她感觉自己是多余的。

学校很快给她安排了计算机课程，可是学校里就几台电脑，还没有连上网，计算机课程就是用来哄学生的。那一刻，琪有一种被坑的感觉，自己明明是来实习的，哪怕条件再差，也应该像一位老师啊？在那所学校，她却只能过一天算一天地混日子。

她在想自己失去了什么？如果当初不任性，听父亲的话就在南方的高中教书，或许现在过得开心多了。至少南方的阳光是那样温暖，有认识的朋友可以一起逛街、吃各种美食。这里呢？除了寒冷和闭塞，好像就没什么了。但是自己能够放弃吗？现在回去有什么意义呢？

最终，她还是决定坚持下去，既然来了，就安心地待下去吧！

在她的一再申请下，学校终于让她给学生上汉语课。在这期间，她开始觉得自己有收获了。她学到了许多书本上没有东西，如何给学生上课，如何管理好学生，如何与老师、领导相处等。而且，特殊的环境和人文风情激发了她的创作欲望，课余时间，她开始创作自己的第一部小说。

朋友们都在讨论，琪毕竟是一个女孩子，从小又没有吃过什么苦头。琪却用自己的行动告诉所有人，自己的选择并不都是失去，也有收获。

她和学生们相处得很好，那一张张纯真的面容让她感受到世间最美好的善意。她也渐渐习惯了那里的气候，有时候觉得那里的风景也很美。最重要的是那里的风土人情，给她的创作带来了无限灵感。这些都是她的收获，也成为她坚持的理由。

整整三年，琪以非同常人的毅力坚持了下来。她为边疆教育奉献了自己的力量。虽然她所创作的小说还没有完稿，但是已经有出版社和她联系，准备出版了。

中国古人说："有得必有失。"得到与失去之间永远是矛盾对立的辩证关系。一个人在得到的同时也会失去什么，在失去的同时也会得到什么。

海上的风浪很大，一艘船被海浪吞噬了，幸存者被风浪卷到了一座孤岛上。

每天，幸存者都在企盼，希望能有船只经过，将他救出来。可是过了好久，也没有看到有船只经过。幸存者为了在孤岛上生存下去，找来一些树叶和树枝给自己搭建了一个"家"。

他每天都在祈祷赶紧被人救走。可不幸的事还是发生了。当他外出寻找可以吃的食物时，没有熄灭的火苗将他的"家"烧成了灰烬。

滚滚的浓烟飘散在风中，他感到悲痛不已，甚至感到无比绝望。

第二天，当他还沉浸在伤痛中，却听到远处传过来了响亮的船笛声——拯救他的船队正在赶来，他得救了。

"你们是怎样发现我的？"他开心死了，好像自己是世界上最幸运的人。

"我们是看到岛上的滚滚浓烟才知道这里有人的。"

对于幸存者来说，失去自己的"家"却得救了。这样的失去便是另一个获得。

在现实的世界里，什么是失去，什么是得到呢？如果你想得到更多，就不要害怕失去，一得一失间才显出人生的大格局。

## 纠结于过去，必忧心于未来

一个人就像一座城池，斑驳的古巷里回荡着过去的足音，灯火辉煌的街头闪烁着未来的光芒。你纠结于过去，必忧心于未来，因为时间是长廊，彼端连着此端。

张爱玲有一篇关于“路”的文章，我想那应该是成长的路，也是每个人的必经之路。

有一些人走过了这条路，劝那些将要选择这条路的人：“不要选择它，因为它崎岖漫长，永远也走不到头。”

那些将做出选择的人却反驳说：“既然你可以走这条路，我为什么不能呢？”

就这样，一个又一个人选择了这条崎岖漫长的路，或许知道它必定艰难，但依然坚持自己的选择。人生之路，如此走来，每一步都弥足珍贵。

一个有“故事”的人，总会沉浸在自己的“故事”中无法自拔，被自己的喜怒哀乐所感染。很多人都活在过去，被回忆所困扰，被一些没有解开的结拧死。

四年前，陈尘在上海遇到了那个让他念念不忘的女孩。

当时，陈尘和朋友一起去酒吧，他选了一个靠街的窗口坐下，看着路上的匆匆行人。朋友告诉他："今晚约了另外几个朋友一起喝酒，既然出来玩，就要尽性一点。"

陈尘的内心并没有什么期待，可是当他看到那个女孩时，就像在昏暗的灯光中看到了霓虹。

朋友介绍说："这是夏雪，我好朋友的好朋友……"

陈尘愣在那里，突然忘了回话，不是因为那种八竿子打不着的关系，而是夏雪清纯的容颜让他恍惚起来。

夏雪也只是静静地看着他，笑而不语。

那一刻，陈尘听到了自己心跳的声音，因为害羞，他不敢抬眼正视夏雪的脸，只能仓皇地跑去卫生间，躲在扶梯后面偷偷看她。

回到座位后，陈尘故作轻松地加入到聊天队伍中。他有意和夏雪搭话，一边喝酒，一边聊人生。没想到，夏雪也很爱和他说话，他们越聊越多，越聊越开心。

从酒吧出来后，两个人互留了联系方式，拥抱告别。

上海那几天一直在下雨，还好气温不是很低。晚上，陈尘约夏雪出来逛街，夏雪会很随意地挽起他的手，他觉得很幸福，牵着她的手边走边看上海的夜景。

"我这辈子最大的梦想就是去冰岛看北极光。"夏雪谈起自己的梦想，纯真得像一个孩子，"还可以吃那边的羊肉，如果渴了就嚼冰块。"

陈尘想起自己的梦想是去看南极灯塔，突然觉得很好笑。

那次见面之后，陈尘再没有联系到夏雪，她就像人间蒸发了一样。陈尘除了不舍，并没有感到奇怪，好像知道她肯定会消失一样。

四年后，陈尘再次见到夏雪，是在另一个朋友的生日宴会上。

夏雪真的变了，她以前只化淡妆，现在却化着黑色眼影，口红艳丽。

陈尘知道她看见了自己，也认出了自己，但是她仍然视若无睹地从他面前经过。陈尘感到内心刺痛。过去的四年，他一直在找她，甚至没有再谈过恋爱。

饭局上，大家都玩得很开心，宴会主人突然说要玩交杯酒的游戏。

夏雪起身要和陈尘喝一杯，陈尘试探性地问她："你认识我吗？"

夏雪摇摇头："不认识。"

陈尘笑了："很高兴认识你。"

其实陈尘很想问她，为什么没有告别就突然离开了，想了想又没有问。

世界就是如此现实，仅仅三年时间，一个女孩就成了一个陌生人。陈尘也不想去追究，她是真的"不认识"，还是假装"不认识"，那样说肯定有她的理由。

喝完那杯酒，陈尘很淡然地转身回到自己的座位上，就像和过去告别一样。他告诉自己，要向前看，不再纠结于过去，也不必忧心于未来。世界如此之大，能遇到就是缘分，现实让我们分开，分开就是陌路，你不爱我，我也不会怪你……

一位哲人说过："只有放下过去的荣耀，才能够虚心进取；只有放下过去的伤痛，才能够重新来过；只有和回忆告别，才能活好当下。"

每个人的生活都是分时段的，过去、现在和未来连在一起。过去的，你无法挽回，无法重新来过，无法改变；现在的，你可以享受，可以浪费，可以珍惜；未来的，你无法确定，无法把握，无法提前拥有。也可以说，现在是过去的结果，未来是现在的结果。现在可以决定未来，未来又是现在的反馈。在这种关系中，过去其实并没有起太大作用，如果我们总是纠结于过去，不仅会影响现在，还会影响未来。所以，对于过去的最好态度就是：过去的，就放下吧！活在当下，珍惜眼前的人。

我很喜欢《功夫熊猫》里的一句台词："人不能活在过去，因为过去已然变成历史；人也不能活在未来，因为未来那样神秘。唯有今天，才是我们能够把握的真切实际。”这便是我们活在当下的理由。一个人内心格局狭隘，永远只会用过去的错误来惩罚自己，沉溺于过去，忧心于未来。

因纽特人相信这样一个传说：人一到晚上入睡时就会死去，第二天清晨再度复活，获得全新的生命。所以爱斯基摩总喜欢对别人说自己只有“一天大”，而且无论现实多么残酷，他们总能够保持微笑，把每一天都当成生命中的最后一天来度过。

如果我们也能够像因纽特人那样，不溺过去，不畏将来，或者才是最好的状态。

念旧并不是一件坏事，可是一心沉溺于过去，让自己心生纠结，放不开，放不下，就会影响到人们的生活。有人说，念旧的人就好像一个拾荒者，所以他们特别容易难过。

人生如杯，只有放下过去，才能有空间去装下更多的东西。生命更是一列限载的列车，无法承受太多现实之重。放下痛苦，才能和快乐结伴；放下贪欲，才能走得轻盈。

为什么不放下过去呢？放下过去的成功与鲜花，才能保持归零的心态，不断进取，获取更大的成就；放下过去的不如意，才能以更好的心态去面对当下的生活。

## 千万别把自己的人生活成同一种形状

人生说长不长，说短也不短，有的人能够为自己而活，并且活得精彩有质地，有的人却为他人而活，活得如履薄冰。我们的人生自然应该活出自己的形状，为自己，赋予特殊意义。

我的一位同学，他在大学里热心公益，品学兼优，属于“明星式”的人物，整天身后跟着一群小学弟、小学妹，还没有毕业，就有好几位私企老总“相中”了他，可以说，前途无限光明。然而，他选择另一种生活，像云游的苦僧那样，去全国各地旅行，一边工作，一边行走，也没有任何目的地。

有人问他：“你这样不累吗？有什么意义呢？”

他回答：“我感觉很快乐，并没有什么不好啊！”

后来，他放弃了所有向他伸来的橄榄枝，只身去了大山深处，在那里当起了支教老师。

我和另外的同学都在猜测，他肯定只是想体验一下不同的生活，终究会回归到大城市的生活，回归到“正轨”上来，因为现实的世界里没有乌托邦，也没有桃花源。

现实却告诉我们，是我们想错了。他在大山里结了婚，把自己的根扎在了大山深处，下定决心要在山里干一辈子教育……

我喜欢将这位同学的“事迹”挂在嘴边。

生活在迷茫中的人，很难有自己的方向，而只会偏执、机械地去模仿他人，去追逐他人的生活轨迹。这些人都忘了，自己也是独一无二的存在，也有自己的长处与亮点。我也不明白，每个人都可以用不同的方式生活，为何要让自己的人生活成同一种形状呢？

有一位失意的美国商人走进海边的小渔村，坐在码头上抽烟，眼睛望着遥远的海平线。这时，有一艘小渔船缓缓靠岸，船上有一位皮肤黝黑的中年渔夫和几尾肥硕的大黄鳍鲔鱼。

商人微眯着眼睛，夸渔夫能干，居然能够捕到这么高档的鱼。然后又问渔夫：“要多长时间才能捕到这么多鱼啊？”

渔夫回答：“只要一会儿功夫就捕到了……”

商人惊讶道：“那你为什么不待久一点，多捕一些鱼呢？”

渔夫用奇怪的眼神望着商人，说：“这些鱼足够我一家人的生活了！”

商人又问：“那你一天剩下的时间都做什么？”

渔夫笑着说：“每天早晨都睡到自然醒，出海捕几条鱼，回家陪孩子玩一会儿；中午吃丰盛的午餐，睡个午觉；黄昏时去村子里喝点小酒，和朋友玩玩吉他……想一想，日子也过得充实而美好！”

商人毕业于哈佛商学院，苦心经营的金融公司因为信用危机正面临着倒闭的风险，百忙中抽身来到海边，想要放空自己。他当然不理解渔夫所选择的生活，在看他看来，只要渔夫肯做出努力，多花一点时间去捕鱼，赚的钱去买更大、更多的渔船，再投资做鱼肉罐头，控制整个生产、加工处理和行销……按照这个思路去奋斗，渔夫甚至能够拥有自己的渔船队和加工厂，可以搬出小渔村，搬到洛杉矶或者纽约去生活。

可是，当商人将自己的“好意”传达给渔夫时，渔夫却不以为然地说：“那得需要花费多少时间啊？”

商人说：“十年，或者二十年。”

渔夫又笑了：“然后呢？”

商人想了想：“等时机成熟时，你可以宣布上市，将公司股份卖了，稳稳地赚上好多亿……”

“然后呢？”

“然后……”商人突然想到自己的梦想，要赚很多钱，然后过自己想要的生活，他不假思索地说，“然后，你就能过上自己最想要的生活！”

渔夫大笑起来：“现在的生活就是我最想要的啊！”

我很欣赏这位渔夫，因为他追求平淡，充满智慧。如果商人所描述的生活轨迹是通往幸福的必经之路，渔夫则找到了一条捷径，少走了许多弯路，少浪费了光阴。其实，生活原本是很简单的，道路也没有那么曲折。

现实社会不允许我们太过文艺，有时迫于现实去做出改变和让步，好像是生存的必要手段，尽管那不是我们内心真正想要做的事情。只是，这样的“顺从”除了让自己成为社会链条的一环，机械而盲目地生活，还能带来什么呢？

如果是在原始社会，这样的从众心理能够增加我们生存的概率，可是在“从众”和“生存”没有必然关系的现代社会，为什么这种原始的力量还会支配着大部分人呢？从意识诞生开始，很多人就开始“模仿”周围的人，在不自觉中继承了先辈们的行为方式以及生活方式。

很少有人去想：自己想要的人生应该是怎样的？自己能够活出自己的形状吗？

著名作家杨绛先生在《一百岁感言》中写道，我们曾如此渴望命运的波澜，到最后才发现：人生最曼妙的风景，竟是内心的淡定与从容……我们曾如此期盼外界的认可，到最后才知道：世界是自己的，与他人毫无关系。

我也想说：世界上最幸福的事情，就是活出自己的形状，以自己喜欢的方式生活。假如生活能够一如既往，我们可能并不会产生不适，可是生活的真相会告诉我们，自己是有选择性的，人生也可能有很多种可能。这时候，我们不免陷入另一种困境：是选择复制别人的道路，还是跟随自己的内心去探索？这才是值得思考的地方。

# 第三章

# 你所谓的安稳，无非就是你不想努力

## 你想要的一切，只有自己给得起

有的人能够得到自己想要的东西，仅仅是因为勤奋、努力、靠自己。如果你懒，你不努力，你总想不劳而获，又有谁能给你想要的一切？

刘东是我很欣赏的一位朋友，从大学开始半工半读，一切靠自己，再没向家里要过一分钱。大学毕业后去国外深造，一切被安排得井井有条。

前几天，他发来微信说："你知道这的人有多么疯狂吗？"

我问他："怎么回事？"

他说："班级里只要和我打过照面的同学，都骄傲地声称自己整过容啦！昨天有个小姑娘说，爸爸给她的生日礼物就是一笔整容费，接着一个小伙子又说，自己要去削个下巴，感觉自己的下巴还不够尖——瞎子都看到了，他的下巴可以戳死人。你说他们有多疯狂？"

我笑着说："你不能笑话别人的文化。你看自己的眼睛那么小，要不要去割个双眼皮？"

他哈哈大笑："你的眼睛才小！我可不会像他们那样，为了所谓的美，而去伤害自己的身体。这有多愚蠢啊？”

我只是淡淡地说了句：“爱美之心嘛……”

对于整容，我倒没有那么反感，反正身边整容的人会越来越多。可能有一些人会在背后暗讽那些整容的人“虚荣心强”“爱面子”“虚伪”等，可是我们必须接受另一个现象，那就是有的人整容之后确实变好看了，甚至连气质也发生了改变。通过整容上位的女明星还少吗？尽量也不乏整容失败的负面报道，可为了成功而承担风险不也正常吗？

我倒不是鼓励大家去整容，而是就整容而言，并非都是坏处。

现实的世界就是如此，你安于现状只会被人取笑，靠自己才能得到想要的一切。所谓的顺水推舟，是指靠自己的能力完成百分之九十，自己无法完成的百分之十请求别人帮助。很多人却反其道而行，自己尚未做出成绩，就渴望着别人的帮助。

别人有别人的事情要忙，没有谁非要帮你不可。

所以有一个现实你必须接受：你想要的一切，只能自己给得起，和别人无关。

记得《鲁豫有约》的一期嘉宾由于从小患上小儿麻痹症，行动有些不方便。不过，他具有一般人没有的商业头脑，这让他注定不凡。

他也是一个性格执拗的人，不喜欢求人，凡事都靠自己。

大学毕业，找工作变得异常困难，毕竟身体有缺陷。那一年是他人生中最艰难的一年，他从毕业到失业，再到创业，每一步都留下了深深的足印。

他的创业是从摆地摊开始的，通过几年的努力，他成为了淘宝的金冠卖家。在淘宝全球网商评选活动了，他进入了前三十强，让人十分敬佩。

在遇到困难的时候，他从来不会抱怨，因为他不知道可以抱怨谁，而且抱怨也没有任何用，一切还是只能靠自己。

上学时的艰苦他扛了下来；找工作受到的不公待遇，他扛了下来；再到创业时的无助与困难，他也扛了下来。他说：“我必须靠自己的能力养活自己，所以我必须努力。”

有一句格言：“生命的精彩只靠自己，不靠别人。”

龟兔赛跑的故事谁都听过，真正能够用自己的努力去战胜愚笨的人，又有几个呢？

在现实的世界里，没有谁会对你人生的好坏负责，除了你自己。虽然很多事情你无法一手掌控，但是你有资格掌控自己的人生：靠自己，哪怕失败也无怨无悔，毕竟你想要的一切，只有自己给得起！

## 会努力，其实也是人的一种能力

天赋比你高的对手并不可怕，可怕的是天赋比你高，还比你更努力的对手。

网上认识一位朋友，快5年了都没有见面，经常聊天，对她的事也了解颇多。

大学时她学的会计专业，毕业后找了几份专业不对口的工作，都干不长久。后来，她索性放弃找工作的念头，去街上摆地摊。作为一个女孩子，也是拼了。

前两天她发朋友圈说要“重操旧业”，打算去参加高级会计师考试。

我提醒她说：“那赶紧复习吧，毕业好几年，学到的东西恐怕都快忘光了吧！”

她却满不在乎地说：“我在网上看了，那个考试非常简单，基本都是选择题，我觉得只要在考前大概看一遍就记住了。”

我知道，她的记忆力肯定没有那么好。

最后，她果然没有通过那个“简单”的考试。

复考的时候，我仍然提醒她：“记得复习哦！”

她依然满不在乎地说：“我已经考过一次了，里面的题目基本都了解，考前复习一天就好了。”在复考前，她和朋友逛街、看电影、玩游戏，就是不肯花一点时间来复习。

不出我所料，第二次考试她还是没通过。

确实，成功者往往是那些付出更多努力的人。当你在玩游戏时，别人可能已经破解了一道数学难题；当你在发射“愤怒的小鸟”时，别人已经记住了一个单词；当你在炫耀自己终于上了白金段位时，别人又处理了一份文档。

人们总是容易看到别人光鲜亮丽的外表和成绩，却忽略了别人背后付出了多少倍的努力。可能你会认为，别人本身就比你更有天赋、更优越、更有钱……然而，别人的付出也是你无法企及的。正如刘同在自己的微博中所写的那样，你为什么每天都跑步？为什么每天都写点东西？为什么每天睡前都要看点东西……因为大多数人都没有每天能坚持的东西，所以任何一种坚持都能区分别人和自己。

拥有无限光环的成功者尚且如此努力，你有什么理由再让自己安稳、退缩呢？

当然，这都不是重点——你还必须了解一个更残酷的现实：别人比你有天赋，比你更努力，关键别人还知道如何去努力。

一个掌握方法并且去努力的竞争者，比一个努力且有天赋的竞争者更可怕！所以，你要成为一个努力的人，更要成为一个会努力的人。这样才不至于被竞争者所淘汰。

英国浪漫主义诗人布莱克说：“独辟蹊径才能创造出伟大的业绩，在街道上挤来挤去不会有所作为。”努力也要讲究方法，否则只是有勇无谋，让努力变成蛮力。

英国的社会保障制度非常完善，能够给职工提供较高的薪资福利，不过想要在英国找到一份适合的工作却很难。有一位毕业于名牌大学新闻专业的英国青年，为了找到一份自己喜欢的工作跑遍了全国，在竞争激烈的人才市场上处处碰壁。

有一次，他来到著名的英国《泰晤士报》编辑部，提起勇气问招聘主管：“请问，你们还需要编辑吗？”

主管不苟言笑，冷漠地说：“不需要。”

他又问：“那还需要记者吗？”

主管依旧冷声说：“也不需要。”

他并没有放弃，继续问：“那么，你们还需要排版工或者校对人员吗？”

主管不耐烦地说：“都不需要。”

年轻人吸了一口气，从包里掏出一块制作精美的告示牌，递给主管说：“那你们肯定需要这个……”

主管接过来一看，只见上面写着：“额满，暂不招聘。”

年轻人充满智慧和诚意的求职行为打动了主管，最后被英国《泰晤士报》破例录取了。由于他本身的新闻专业知识较强，在英国《泰晤士报》里表现十分突出，20年以后他便成为这家世界级王牌大报的总编。

现实生活中有多少人懂得如此转换思维，让自己的努力正中要害呢？

我听一位心理学家说过：“一个人只知道努力，而不知道检视自己的方法是否正确，最后只会让努力变成蛮力，吃力又不讨好。”

现实的经验也告诉我们，有的努力付出再多也无济于事，甚至会出现“太用力”“太专注”的反作用。太用力会让行动变得机械，思维无法变通；太专注只会让人忽略或排斥身边的事物，让思维和眼界变得更单薄、更狭隘。

在遥远的古罗马时代，人们就在思考一个问题：地球的重量是多少？

几个世纪，人们付出了各种努力，仍然没有谁能够给出解答。到古希腊时期，科学家用十分巧妙的方法测出了地球的半径有6400千米，不过们一直不知道如何称出地球的重量。

古希腊著名学者阿基米德十分幽默地说："谁能给我一支点，我就能够利用杠杆原理使地球移动，并且可能知道它的重量。"

这句话是不是预示着人们以后真的能够称出地球的重量呢？

人类居住的地球是一个巨大无比的球体，想用普通的称来称出地球的重量，几乎是一件不可能完成的事情。因为世界上不可能有那么大的称，而且谁也无法拿起这杆秤，哪怕有一个巨人可以拿起，他又应该站在什么地方去称地球？难道站在地球上称地球？

美国科学家卡文迪终于攻克了这一难题。他运用牛顿的万有引力原理。根据万有引力定律，两个物体间的引力与两个物体之间的距离的平方成反比，与两个物体的质量的乘积成正比。这个定律为测量地球提供了理论根据。卡文迪认真地思考：假如自己知道了两个物体之间的引力和距离，知道了其中一个物体的质量，就能计算出另一个物体的质量。

就这样，根据有引力公式，卡文迪计算出了地球的重量。

在没有找到真正奏效的方法以前，所有的努力都没有结果。

很多时候，你需要的不仅仅是努力，还有脑力。有些看上去很难的问题，只要找对了方法，很容易就能够解决；方法用错了，再努力也是白搭。所以，你要学会努力，更要学会如何去努力，千万不要陷入"没功劳，也没苦劳"的自怜境地。

## 温水煮青蛙的过程不过就是自杀

文坛骄子纪伯伦曾说：“对安逸的欲望扼杀了灵魂的激情，而它还在葬礼上咧嘴大笑。”安逸其实是一种陷阱。当你周围都是米的时候，你很安逸；当有一天米缸见底，才发现想跳出去已无能为力。切记，别在最能吃苦的年纪选择安逸！

听说在某网论坛上出现过一位“奇人”，大夏天不好好睡午觉，跑去池塘边观察青蛙。

他发帖说：“青蛙是最聪明的生物，平时它们都藏在荷叶下、水草中，或者其他阴凉的地方，从来不会待在被骄阳炙烤的地方……”

这样说来，青蛙至少比他要聪明。不过，他有自己的动机。

他在帖子上说：“我感觉现实中的青蛙不会像‘温水煮青蛙’实验里那样傻，所以跳进池塘抓了一只青蛙拿回家亲自去做实验。”

说实话，我很佩服这位“奇人”的探索精神，他敢质疑科学权威，你敢吗？

在“温水煮青蛙”的实验中，科学家将一只青蛙放进滚烫的沸水中，青蛙一碰到沸水便跳出来逃生。科学家又将这只青蛙放进冷水中，青蛙很享受地游来游去，并不知道科学家正在给水加温，直到水滚烫到无法忍受时，青蛙已经四肢无力，再也无法逃脱了。

“奇人”按照科学家的方法，将青蛙放进锅里，然后小心翼翼地用文火慢慢加热。

然而，随着水温不断升高，青蛙开始焦灼不安，没游几圈就跳出锅里了。

“奇人”觉得有些不甘，又换了一口大锅，继续加温。结果温度到30度时，青蛙又开始不安了。到40度时，青蛙变得十分急躁，不断向上跳跃。

为此，“奇人”得出结论：温水煮青蛙的实验并不可信！

这时又有另外几位“吧友”站了出来，捍卫科学的严谨性，指出“奇人”实验过程中的种种不对……就这样，贴吧内出现了两大阵营，一队支持“奇人”，认为实验不可信；另一队则指责“奇人”无知无畏。

我不明白，贴吧里的人为什么把关注重点放在青蛙或实验上面，那个实验的意义不是告诉我们做人的道理，最终要“应用”到人身上吗？

青蛙在实验中还有可能跳出来，可是很多人在安逸享乐中无法自拔，这才是最讽刺的地方。

在渐变的适应性和习惯性中，人最容易出现麻木状态，最终失去警觉和反抗能力。

那天和主编聊天，说到了工作和生活的问题。主编说：“现在很多人在安逸的工作环境中很容易变得懒散，这是个可怕的现象。如果你的工作环境无法为你创造价值，让你的生活也变得安逸起来，那么因为懒散而安于现状的生活，就像温水煮青蛙的过程，不过是自杀。”

我没有把主编的“危言耸听”和自己近期的拖稿事件联系起来，只是笑笑。

主编又说：“鲁迅先生不是说过吗？生活太安逸了，工作就会被生活所累……”

我当时有点不太理解，安逸的生活不是人们一直追求的最佳状态吗？在安逸的生活中人不是状态更好，工作也事半功倍吗？可是转念一想：生于忧患，死于安乐，古人应该没错。

后来仔细想想，生活太安逸了，人的志气难免被消磨掉，懒惰也就培养出来了。

前不久有个朋友找我聊天，说自己特别想换工作。我很关切地问他："是工作不顺心了吗？不如意了吗？还是和同事闹矛盾了？与上司不和？或是待遇不好？没发展前途？"

他摇摇头说："是工作太安逸了，感觉人都快废了。"

我汗颜，安逸的工作不是人人所向往的吗？为什么朋友会受不了呢？

原来，朋友每天的工作内容都差不多，没有太多的挑战和激情，工作变成了日复一日的循环，工作不累，待遇也还不错。可是渐渐地失去了自我，感觉那不是自己想要的了。

听到这里，我突然觉得这是一件很可怕的事情。如果我们都处于安逸的工作或生活环境中，必然会逐渐失去人生的激情、挑战和创造力。

还有另一位朋友，他是一个典型的工作狂，没日没夜地工作。领导看他太辛苦，就给他一个月的带薪休假。当时他兴冲冲地跑过来对我说："这下好了，一下有了这么多时间，我可以出去旅游一圈，还可以把自己一直想写而没有写的东西完成了！"

我本来挺为他感到高兴的，然而仅仅一周后，他又来信息说："时间是多了，早上可以毫无压力地赖床，晚上熬夜也不用胆战心惊，可是整天不是面对电视就是面对电脑，这样过了几天，突然感到好无聊，有点过不下去了。"

我问他："你不是要写东西吗？拖了那么久，现在不是有时间写了？"

他说："你可别提了，本来是打算写的，可是坐在电脑前完全没有状态，一点思路也摸不着，更别提灵感了。想想先把它放一旁，写点其他东西，可是又什么也写不出来。”

“既然在家待着无聊，那就出去散散心吧，说不定还能有灵感呢？”我建议道。

“说得也是，平时总在忙工作，时间紧得不行，基本没有外出游玩过……”他说。

次日，他便提着行李出门了。我想，他这次总算能够放松一下了，没想到当天下午他又给我打来电话说：“不行不行，我坐在车里，看到路上的行人都急急忙忙，都在赶着做自己的事情，我怎么能够一个人独自休息呢？”

我已经无言以对，他又接着说：“以前天天忙着工作，内心压力挺大的，就像压着一块石头，可至少不会空虚啊？现在这样无所事事，感觉整个人都不好了……”

温水煮青蛙的过程不仅仅是死于安乐的过程，还有习惯了某种状态后再也无法改变。

当然，我们也不能成为“享苦”主义者，人人都有追求美好、安逸的权利。我们需要明白一点，可以享受舒适，但是不要沉溺和贪图，不要为此放弃人生追求；可以习惯一种状态，但是不要害怕改变，不要因为安稳而放弃努力。

## 不要在最美的年华里变成一个胖子

美好的年华并不因胖瘦而改变，但如果你放松自己，贪吃成性，懒惰成性，以至于让自己的体重一次次“打破纪录”，那你可就真对不起这美好的年华了。

当你眼睁睁看着美好的东西被破坏，比如你的“爱豆”莱昂纳多、基努·李维斯、特沃什·米勒一个个身材发福，泳圈伴身，面对此情此景，你会做何感想？

昔日男神好像都不沾地气，容颜不会改变，身材也不会走样。现实却会告诉你，岁月就是一把杀猪刀，垮了身材长了膘。难道年龄增长逃不出的魔咒便是体型沦陷吗？再看看风采依旧的贝克汉姆，看看79岁还走在T台上的“老鲜肉”王德顺，就知道不是了。

很多时候，胖只是因为你懒，因为世界上没有无缘无故的胖。

朋友陈浩本来有一副很健美的身材，那时候的他天天去健身房，每天坚持跑步。办公室里的单身女孩都对他有好感，单身男同事们都嫉妒他，说他“霸占”了所有女同事。

后来，陈浩因为自己创业，没时间去健身房，加上经常熬夜加班，各种饭局上大吃大喝，体重一下子长到了90千克，对于一个身高173厘米的男人来说，已经算很胖了。

陈浩自己还不觉得，以为是变得强壮了，并不是胖。

生活习惯上，他也越来越懒散。累了，在床上躺一会儿；工作之余，在办公桌上趴一会儿；下班回家，倒在沙发上就不再想起来……

周末约了同事去爬山，才到半山腰他就气喘吁吁，再也爬不动了。

同事问他："你的体力怎么变得这么差了？以前去健身房时可不是这样。"

陈浩愕然，低头看了看自己的便便大肚，发现自己真的变成了一个大胖子了。这时他下定决心要减肥，不要让自己在最美的年华里变成一个胖子。

第二天，陈浩去健身房办了会员卡。还是那家健身房，里面的装修却变了，熟悉的教练没剩下几个。一位老教练见到陈浩差点没认出来，愣了一会才恍然大悟道："这不是小陈吗？你怎么吃成一个胖子啦？"

陈浩听到这句话，真像晴天霹雳一般，好想马上原地蒸发。这也更加坚定了他减肥的决心。由于之前有健身的经历，陈浩给自己制定了三个月的"魔鬼训练"。

第一个月，陈浩很好地按计划行事，每天的三餐安排得简单、营养、健康，在饭局上尽量少吃少喝，每天的运动量也保持在一定水平。

第二个月，陈浩开始有点偷懒了，不仅在饮食上放松自己，运动量也逐渐减少，还把原来应该用来运动的时间用来睡觉，完了安慰自己："没事，到时候再补。"

第三个月，陈浩的训练计划基本已经泡汤了，所有的安排都被打乱。他似乎已经习惯了大吃大喝大睡，一有时间就想赖在床上，至于体重——训练后反弹得厉害，直逼100千克了。

陈浩越来越害怕照镜子，看着自己发福的身材，再想想以前健美的自己，真心无法接受。

我想，每个人身边都有几个胖子朋友，他们身上是不是多少有点“小懒”呢？无论这种懒是行动上的，还是思想上的，总之都抱着“能偷懒就偷，能省事就省”的原则。

以前我们都被“先有鸡还是先有蛋”的问题所困扰，现在我们又被另一个问题所困扰：到底是因为胖才变懒，还是因为懒才发胖的呢？

一位胖子懒洋洋地说：“自己长得像个球，却和一切球类运动无缘，什么足球、排球、篮球，看看还可以，如果要我去玩玩，那还不如灭了我。平时不动都出汗，再动一下恐怕就要下‘瀑布汗’了，所以朋友叫我去打球，我怎么也不去，想到运动就觉得浑身无力。”

另一位胖子附和道：“为什么要运动呢？躺着多舒服啊，你瞧我，看电视躺着，看书躺着，上网躺着，就差吃饭也躺着了。回到家就黏在床上，这样便于思考嘛！”

现实生活中，这样的胖子可能占少数，但并不是没有。胖子也不全都是懒的，甚至发胖也有可能是身体或其他原因。但是“懒胖子”毕竟存在，哪怕少数也不能视而不见。

很多人喜欢胖胖的加菲猫，它圆圆的肚皮、肉肉的四肢和水桶腰身，都让人想要扑上去捏一捏。加菲猫最喜欢做的事情，就是躺在沙发上一动不动，看上去就像一个肉球。

在人人大喊着“要减肥”的年代，人们却偏爱肥胖的加菲猫，这是不是在纵容自己越来越发胖的身躯呢？现代人发胖不仅仅因为营养过剩，或运动量不足，还因为心理上对自己的纵容，贪于享受，安稳而自乐。

人的身体是最诚实的，几乎所有身体上的特征与表现，甚至包括疾病都是心灵状态的外化。你经常熬夜会上火，会烦躁，会出现黑眼圈；你贪吃东西，放纵自己的食欲会肥胖。体重超标的你应该考虑一下如何改变和完善自己了吧！

当你有了想要减肥的想法，而又无法坚持时，请看看下面这几句话：

这周你去健身了吗？去读书了吗？

你觉得后悔年华虚度可怕，还是第二天身体酸痛可怕？

听到别人叫“胖子”的时候可以不用回头。

你的容貌无法改变，身材却可以改变。

## 没有拼过的日子都是浪费

> 你知道时间永远不会等你，你已经走过了纯真的童年时光，浪漫的青春时光，还要再浪费自己的青年时光吗？要记住，应该努力的时候就不要松手，不要虚度了光阴。

有时候，你还不如一个孩子努力。孩子为了得到自己喜欢吃的零食、喜欢玩的玩具，撒娇、耍赖、装哭，能用的招数都用上，可是你呢？

你还在偷懒，在抑郁，在怨天尤人。你也会思考："我的时间到底去了哪里？"可是又无法给自己一个准确的答复。当你渐渐意识到时间的宝贵，想要好好珍惜它的时候，却发现越来越不够用了。于是你想：自己是不是遇到了"时间大盗"呢？

美国电影导演伍迪·艾伦说："我们每个人的生活中都有90%的时间是在混日子，很多人都是为了吃饭而吃饭，为了工作而工作，为了搭公车而搭公车，为了回家而回家。他们从一个地方到另一个地方，见完一个人再见一个人，做完一件事情再做一件事情，却没有时间去努力和拼搏，最后也没有达成自己想要的目标，人生就是这样碌碌无为。我想很多人都是到了临退休时才恍然发现自己虚度了大半生，剩下不多的日子又在病痛中一点点流逝。想要做成自己的事业，这样当然不行。如果你想让自己与众不同，就必须把时间和精力都花在某个专项上，不要因为缺少拼搏而浪费了生命。”

你知道自己是如何浪费时间的吗？国外有一位管理学家针对忙碌的经理人做过一次超过10年的跟踪调查，结果发现了一个令人震惊的结论：那些碌碌无为的经理人每天都会把时间浪费在各种形式的无效行为上，他们在面对同样的工作时往往拼命争取时间，最后却碌碌无为。而有些经理人却能在短时间内处理好手头的工作。他们之间的差别自然在于时间管理上。一个人如果懂得了时间管理，就能够很好地掌控自己的生活和工作。而一个不懂得时间管理的人，就和无头苍蝇没有区别，只知道没有方向地四处乱飞。

不可否认，这是一个快节奏的时代，人人都说自己“很忙”，都在努力拼搏，可是真正做出成绩的人又有几个呢？似乎每个人都在忙，可是在忙些什么呢？

工作室的阿锋自认为自己浪费了三十年光阴，他整天都赖在家里，看段子、刷微信、看美剧、逛淘宝。如果不是憋不住了想上厕所，他是绝对不会起身离开床铺或沙发的。

阿锋也有自己的工作，给出版社写稿子、画插画，可是在别人看来，他就是在浪费生命。因为做这份工作已经七八年了，好像没有什么前途，工作仅仅能够养活自己而已。

有一次阿锋和我聊天，说到了自己的人生目标：“如果送外卖的能够从窗外直接投食，人生就没有什么遗憾了。”

我被他逗笑了：“其实你也挺努力的啊！”

“没有，我自己没有努力过，从来没有拼过，早就失去斗志了。”

“为什么会有这样的感觉呢？”

阿锋说："早几年还是很努力的，有过一些小成绩，但是不突出，后来渐渐变得懒散了，没什么成绩可言，也不愿意再接了。时间一晃好几年就过去了，感觉过得毫无意义。"

在竞争如此激烈的现代社会，人人都在比努力，人人都争分夺秒地利用好时间。如果你不曾努力过，也不曾拼搏过，除了虚度光阴，还能有什么呢？

有两位年轻人，他们拥有相同的学历和资源，也拥有同样的机会，不过两位年轻人的工作学习态度却完全不同。

其中一位年轻人把握好每一分一秒，努力完成一项项繁杂的工作，还利用业余时间来学习充实自己。另一位年轻人却整日瞎忙，将时间一点一点浪费掉，只要有一点时间就约朋友聚会玩乐，工作上的事情堆积如山，嘴里还不断重复说："明天再做，明天再做吧！"

两位年轻人对于时间的把握截然不同，这也让他们收获了不同的结果。在进入单位工作几个月后，懂得把握时间的年轻被提升为部门主任，浪费时间的年轻人却被单位辞退了。

时间就像海绵里的水，只要愿意去挤，总是会有的！

根据德尔森年度富人调查以及美国劳工统计局发布的全美时间使用状态调查数据表明：绝大多数抱怨时间不够用的人，完全可以抽出时间来做自己喜欢的事情，就算是忙碌的工作时间也是如此。这两项权威的调查还告诉我们，不管受教育程度与收入状况是怎样的，许多人总是会假装很忙碌来完成自己的工作，并且让身边的人也对此深信不疑。不过他们有1/3的清醒时间都用在和工作无关的事务上，甚至用在自己的私人事务上。

当然，每个人都有权利将时间花在读书、游戏、旅游等自己喜欢的事情上，可是当你在工作与学习中不断抱怨时间不够用的时候，就应该认真地思考一下：你是真的太忙了，还是给自己制造了一个忙碌的假象？

恩格斯就曾经说过："利用时间是一个极其高级的规律。"很多时候抱怨时间不够或者自己太过忙碌，都只能说明你是怎样耗费和利用时间的，而不能说明时间已经用完了。

时间是最公平的，因为每个人每天都拥有24小时；时间也是最吝啬的，因为每个人每天仅有短暂的24小时。对于多数人来说，无论是在多么"忙碌"的状态下，都可以抽出时间来做自己想要完成的事情。所以，不要说自己的时间不够用，你明明浪费了自己太多时间。

生命中所有时光，都可以作为起点，都可以用来拼搏，否则就只能是浪费了。

## 把每一天都当作生命的最后一天来过

> 你没有月光宝盒，不能让时光倒流，所以说出口的话，打出去的拳头，给别人造成的伤害，已经度过的人生，都收不回来，也无法重新来过。

有人说，我们的世界因为三个苹果而改变：第一个苹果被夏娃偷吃了，第二个苹果砸在了牛顿脑袋上，第三个苹果在乔布斯手里。

福州的苹果手机直营店开业时，有好几百名“果粉”组织来到店门口，高举横幅，欢呼雀跃，很多人激动得泪流满面。这些人中还有好几十位专程坐飞机，从好几千里之外赶来，仅仅为了买到第一部苹果手机。你能够想象吗？一家苹果直营店就能够吸引如此多的忠实粉丝，这不免让人想起已经过世的苹果创始人乔布斯。

想要了解乔布斯最方便快捷的途径就是买一本《乔布斯传》。这本书里记录了乔布斯的传奇人生，从最初创立苹果公司，到历经艰难，离开又重返苹果公司。终于，他开创的iphone和ipad系列成功俘获万千粉丝的心，缔造了无人超越的商业神话。最后，乔布斯因病去世，完美跌宕的一生才落下了帷幕。

我看完《乔布斯传》后却觉得，书中所传达的不仅仅是乔布斯在产品研发上的天赋，还有他坎坷的人生经历以及内心持之以恒的处世哲学。小时候的乔布斯是个私生子，被无情的父母所抛弃。他的性格也很叛逆，大学没有读完就主动退学了，可以说，年轻时的乔布斯是一个绝对的“问题青年”。面对这样的人生，他没有选择沉沦，而是不断努力，不断突破自我局限，永远不放弃内心的追求。

2005年，斯坦福大学邀请乔布斯去做演讲，他欣然接受，并且说了一段最能够体现他处世哲学的话：“没有谁愿意去死，不过死亡是每个人最后的终点，没有谁能够逃脱。你所拥有的时间是十分有限的，因此不要浪费在别人身上，也不要被世俗的教条所束缚。你的生活不应该是别人的思考结果，也不要让别人的意见淹没你内心的声音。最重要的一点就是有勇气遵从自己内心的直觉，其他都是次要的。”

他还说：“时间如此珍贵，把每一天都当成生命中的最后一天来过，努力追求内心的声音，为了自己的梦想去努力。”

当我们拿起ipad刷着微信、看着视频时，或者拿起一部智能手机就能随时办公时，是不是也会想起乔布斯这位传奇人物呢？他告诫我们要在坎坷的人生中找到自己的方向，要遵行自己内心的声音，要把每一天当成生命中的最后一天来过。

著名羊皮卷上有这样一段话：“如果今天是我生命中的最后一天，我应该怎么做？努力忘掉昨天，也不痴想明天，明天还是一个未知数，为何要把今天的精力浪费在未知的事上？”

如果今天是生命的最后一天，你将如此度过呢？你肯定会珍惜每一分、每一秒的时间，去做自己一直想做的事情，去见一直想见却没有见的人，去成为内心最想成为的自己。

海伦·凯勒的名篇《假如给我三天光明》，也用类似的观点告诉我们：生命如此可贵，每一天都应该被善待，否则整个人生都将如此虚度。

只有19个月的海伦·凯勒患上了猩红热，从此失去了视力和听力，后来又因为失去听力而丧失了语言表达能力。生活在黑暗而又寂寞的世界里，那种孤独是难以想象的，不过她又是幸运的，因为她遇到了安妮·莎莉文老师。

海伦7岁时，莎莉文走进了她孤独的生活中，不仅教会了她说话认字，还教会了她如何与人交流。1899年6月，海伦被著名的哈佛大学拉德克利夫女子学院录取，在学习期间认真努力，最终以优异的成绩毕业，成为一个学识渊博的人。

可能很多人没办法想象，海伦没有听力、没有视力，语言表达能力也比较差，可以算是生活在一个无声的黑暗世界，她却以顽强的忍耐力克服了重重困难，学会了英、法、德、拉丁、希腊五种文字，而且她到过世界很多地方，为盲人学校募集资金，将自己的一生都奉献给了盲人福利以及教育事业，实在让人感到敬佩。

一个人在黑暗中，在无声的世界里是最孤独的，海伦却用孤独创造出了辉煌。帮助她走出孤独不仅仅是莎利文老师，还有她自己对于人生的解读。

在海伦·凯勒的自传体小说《假如给我三天光明》中有两段十分感人的话："我是一个盲人，现在要向你们有视力的人做一个提示，给那些善于使用眼睛的人提一个忠告：如果想象一下，你明天有可能会变成盲人，就会好好地使用你的眼睛了，这样的办法也可适用于别的器官。想到你明天会变聋，你就会更加认真地去聆听优美的钢琴曲以及鸟儿的啁啾。你应该去抚摸你能够触及的一切，假如你的触觉神经就要失灵了；去闻一闻鲜花的芬芳，去品尝美味的食物吧，假如明天你将不能再闻也不能再尝了……让每一种官能都发挥它最大的作用，为世界通过大自然提供的各种接触的途径向你展示的多种多样的欢乐和美的享受而自豪吧！"这是海伦·凯勒给所有人的劝告，也是对所有人的希冀。

如果你的人生只剩下三天光明，你会如何看待这个世界呢？你会做些什么事情？

假如人生只剩下三天光明，如果今天就是人生的最后一天，你要做的不是把自己封闭在黑暗孤独的角落，而是应该勇敢地找回自己，去做内心所有想做的事情，不让自己留有遗憾。

无论乔布斯，还是海伦·凯勒，都用自己的坎坷人生告诉我们：生命中的每一天都应该被珍惜，因为生命中的每一天都有可能是人生的最后一天！

## 即使含着金钥匙出生，靠得住的也只有自己

有的人明明可以站在巨人的肩膀上，却偏偏要靠自己去闯世界。他们含着金钥匙出生，却拼命想摆脱安逸、舒服的生活环境。他们不是犯贱，而是想要活出自己。

法国人特里斯坦对中国的印象挺好，尤其是广州的繁华与喧嚣。

夏天的时候，广州总是在下雨，气温是降了，车却变得特别不好打。特里斯坦独自在广州创业，也算是一个小老板了，可是没有自己的车，平时去公司都是打车或坐地铁。

如果光从外表来看，特里斯坦和广州的普通白领没有太大的区别，他穿的衣服甚至有点陈旧的感觉。但这位32岁的法国人却是一位“富二代”。

他的家族企业是欧洲的老字号——罗盖特公司。这家公司在深加工方面拥有世界领先水平，在世界各地拥有十几家工厂，年销售额超过20亿欧元，其中在中国也有三家分公司，一家管理公司。只不过，特里斯坦做的业务和家族企业没有一点点关系。

特里斯坦说：“在法国，‘富二代’没有任何值得骄傲的地方，所以我会尽

量不让别人知道自己是个‘富二代’，而且我从没就没有觉得自己和其他人有什么不同，上学、工作、创业都和普通人一样，靠自己……”

特里斯坦行事十分低调，身边只有极少数朋友知道他来自法国的大家族，甚至连他自己也是到了16岁时才知道家族企业规模那样大。这和他父母的教育理念有关，源于家族的低调作风。欧洲的富商们都很在乎家族价值观的传承，而非仅仅是金钱上的传承。

“努力工作，尊重他人。”这是特里斯坦从小受到的教育，他的父亲是一位成功的商人，母亲是一位艺术家，他们身体力行地为特里斯坦做出了表率，让他拥有了商业化的大脑和创新的想象力。特里斯坦的公司主要业务有设计、培训、管理咨询等。在培训课程中，他创新地运用了“戏剧培训”法， 让管理者拥有自己的语言表达能力和情绪控制能力。

在创业过程中，特里斯坦并没有遇到太多的挫折，仅仅在租房子的时候被坑了，创业初期经济周转困难，开业三年后开始盈利……一切都按部就班地进行着，听起来有点平淡无奇。

可是再仔细想想：一位法国青年几乎两手空空地来到中国，这里没有认识的朋友，只能依靠商会、领馆等外国人的指南机构来拓展自己的人际和关系网，从工作到创业，到成功逆袭，这本身不是一件很奇妙的事情吗?

在如此现实的世界里，拥有家族企业的“富二代”，就像含着金钥匙出生的人，哪怕他们不努力也能站在巨人的肩膀上，起点也会比一般人高很多。

不过，“富二代”这个极具内涵的词汇，在大部分人眼中都是不好的，总是和炫富、奢靡、挥霍无度扯上关系，总是做一些毁尽三观的事情。当然，也有例外，就是像特里斯坦那样的“富二代”，自愿放弃自己的金钥匙，靠自己去努力。

即使是含着金钥匙出生的“富二代”，也在努力证明自己的存在，能够靠自己的地方绝对不会靠家里。他们放弃安稳，选择动荡，也是为了用努力换取人生的价值。

一个朋友说：“我不是‘富二代’，但是要努力成为‘富一代’。”

我很欣赏他的努力，并且告诉他：“有的‘富二代’还要靠自己去努力，所以你更要加油咯！”

或许，你和别人的起点不一样，但这并不能决定你可以走多远。

# 第四章

# 所谓的坚强，其实就是坚持

## 排斥疾苦的人照样在承受疾苦

现实具有两面性，它会让你拥有春风得意、风光无限的时候，也会让你经历人间疾苦、被困难所打倒。面对同一种现实，有人享受磨炼，有人排斥疾苦。

我看过一部美剧叫《伪装者》，里面的一句台词让我印象深刻："痛苦并不可怕，可怕的是想象痛苦。"

当时的场景是怎样的呢？主角的老师手里拿着一瓶酸液，准备训练主角，而主角被捆着，只能眼睁睁地看着酸液在自己面前晃来晃去，由于主角从小很胆小，所以他发出了痛苦的吟唱。最后酸液还是倒在了他身上，也并没有什么可怕的，只是留下一个疤而已。这个疤让主角一生都记得一个道理：痛苦并不可怕，可怕的是想象痛苦。

一位心理学家说："你所承受的苦难可能并不比他人多太多，痛苦的感觉还是来自于自身的敏感和脆弱。"在现实的世界里，每个人肯定会承受许多类似的痛苦，比如，生、老、病、死或者权力、荣耀、财富所带来的负面压力。你可以想象一下，一个怀才不遇、经济拮据的年轻人，和一个患上了偏头痛和糖尿病的中年富人，谁的痛苦更多一些呢？

他们其实是没办法相比的。如果年轻人志向远大，那么他所承受的痛苦其实不值得一提；如果富人拥有乐观的心态，开心面对每一天的生活，那么他所承受的痛苦也是微不足道的。

面对人生疾苦，有的人选择排斥，有的人却选择接受。排斥疾苦的人同样在享受疾苦，接受疾苦的人却战胜了疾苦，让自己的生命焕发出别样的风采。

有一名叫阿费烈德的外科医生，他在解剖尸体时发现了一个奇怪的现象：那些患病器官并不像人们想象的那样糟糕，相反，在疾病的抗争中，为了抵御病变，它们往往要代偿性的比正常器官更强一些。这个奇怪的现象最早是从一个肾病患者的遗体中发现的。

为此，他还专门撰写了一篇论文，从医学的角度进行分析，在当时产生了极大影响力。

阿费烈德认为，人生病了，人体器官与疾苦抗争，这使得器官的功能不衰反强。假如有两个同样的器官，其中一个如果消亡了，另一个就会承担起全部的责任，从而变得更强。

阿费烈德在给美术生治病时，又发现了一个奇怪的现象，那些搞艺术的学生视力并不比其他人好，有的甚至是色盲。这让他的思维不断发散，认为这些病理现象也会在社会现实中有所反映，于是他将自己的思维延伸到普遍的层面中去。

通过对艺术院校学生的调查，他终于用现实数据证明了自己的观点。很多颇具艺术细胞的学生之所以会踏上艺术的道路，大多是由于生理上的缺陷——那些缺陷没有禁锢他们的天分，反而帮助他们在艺术道路上走得更远。

后来，阿费烈德将这种现象称为“跨栏现象”，它告诉我们一个人所取得的成就，往往取决于他所遇到的困难程度，也就是竖在你面前的栏越高，你就跳得越高。比如，盲人的触觉、味觉和听觉比一般人要强得多；失去双臂的人平衡能力都比较强，而且双脚更灵活。

因此，当你遇到人生疾苦时，要学会坦然地去接受它，而不是因为惧怕而排斥。如果你选择排斥那些疾苦，并不能保证自己逃离疾苦。坦然接受反而能激发自己的潜能，让自己拥有更高的成就。这就是生活中的“跨栏定律”。

日本有一位著名的钢琴家名叫馆野泉，他在弹奏钢琴时突然脑出血，整个人倒在地上，最终右半身瘫痪。还好，没有危及到他的生命。

刚开始的时候，馆野泉还很乐观，他以为只要自己配合治疗，过一段时间就可以再上台表演了。他那双灵活的手一定能够再弹出美妙的钢琴曲。

现实却和他想的不同，有差不多一年的时间，他的右手都没办法动弹。这对于一位钢琴家来说无疑是巨大的打击，仿佛自己失去了演奏的能力一样。这让馆野泉感到十分失落。

妻子玛丽亚对他说：“你为什么不试试自己的左手呢？”

馆野泉愣了一下：“左手？”

音乐界也有一些曲子是为左手演奏者谱写的，但为数并不多。

馆野泉觉得自己与其死撑度日，为何不尝试一下呢？他拿出弗兰克·布里奇的一首曲子试着弹奏，这首曲子正好是给一位战争中失去右手的人谱写的。他弹得很忘我，几乎忘了自己是在用左手弹奏。从此，他开始用自己的左手弹奏。

只是，那些适合左手的乐谱一般都不长，而且不适合在音乐厅里演奏。

馆野泉请来几位做音乐的老朋友，还请来了音乐系的学生，一同创作了好几十首适合在音乐厅里演奏的左手曲目。这样，馆野泉找回了自己的舞台，每年都要举办几十场音乐会。

在演奏时，馆野泉坐在“量身定制”的长凳上，这样才方便左手覆盖整个钢琴键盘。

馆野泉因为左手弹奏钢琴而被众人关注，之后还拍过好几部纪录片，甚至还和当时的日本皇后美智子一起弹奏过一曲二重奏。

在他中风后的第四年，他正用左手忘情地弹奏着曲子，突然他的右手碰了一下键盘，居然就能动了。那时他沉浸在自己的音乐中，已经忘记自己是一个右半身瘫痪的人。

他的右手缓缓移动，竟然伴随着左手将一首曲子弹完了。虽然有一点点生涩，可奇迹真的发生了。

坐在台下的妻子早已泪流满面，就是她告诉馆野泉："你的右手不能动弹了，还有左手；你的右半身瘫痪了，还有左半身是健康的，仅仅失去了一半而已。"

后来，馆野泉在一场音乐会上说："当我右手碰到键盘，再次弹奏时，有一种春天树叶发芽的感觉。"

无论现实的世界多么残酷，无论你需要面对怎样的疾苦，都不要感到绝望。因为生活永远留有备份，那些排斥疾苦的人照样在享受疾苦，而坦然面对疾苦的人更容易创造奇迹。

## 所谓的厄运，不过就是一次从头再来

> 你要小心，划过你头顶的可能不是流星，而是厄运。当然你从幸运儿变成倒霉蛋时，请记得要坚持，因为所谓的厄运不过就是一次从头再来。

以前村里有一个小孩，人很木讷，大家都以为他是傻子。

他也觉得自己很不幸，是被厄运所缠绕的孩子，好像天生就比其他孩子差多很。别人用5分钟能完成的事情，他需要用10分钟。

学习中，他更是感觉糟糕透了，其他孩子一学就会的东西，他需要在老师的教导下重复很多遍才能完成。虽然他是班级里最努力的学生，可每次考试下来，他都是倒数第一名。

他拿着试卷，一脸委屈地问父亲："我是不是真傻？所有同学都笑话我，老师也不喜欢我，他们都说我长大后也不会有出息的，而且只会拖别人的后腿。"

父亲摸了摸他的脑袋，笑着说："你哪里笨了？尽管你的成绩没有其他同学好，可是你天天都在进步啊！如果你的努力能够达到一定水平，自然就会赶上甚至超越他们了。而且，你身上有一样东西是别人没有的，永远也不会有。"

他很好奇地问："那是什么东西？"

父亲没有回答，而是从家里拿出一把铁锹，叫他一起上山，挖来一棵小杨树种在院子里。

"以后，你要定期给它浇水、除草和施肥，知道吗？"父亲这样说。

他点点头，不知道父亲是怎样的用意，但还是欣然答应了。

一年后，他又考了倒数第一名，于是他很恼怒地跑去质问自己的父亲："你不是说，我每天都在进步吗？你不是说，我身上有一样东西是别人没有的吗？那为什么我努力后仍然考倒数第一名呢？"

父亲没有回答，甚至没有安慰他，而是带他走到院子里，指着那棵小杨树说："你看，这棵杨树是我们去年种的，一年时间，它已经长高了近20厘米，而且以前干枯瘦小，现在绿意盎然。它每天都在生长，可是你有看到吗？"

他摇了摇头，好像明白了父亲的意思。

父亲又接着说："就算没有看到，也不代表它没有成长，如果再过一年去看它，它又会长高了。学习也是如此，是一个日积月累的过程，如果你一个月、两个月没有看到进步，或者一年、两年没有看到起步，可是在十年、二十年甚至更长的时间后，你再回头看自己的路，就会猛然发现自己成长了，也进步了……"

他总算明白了，其实自己的努力并没有白费，自己每天都在进步中。他问父亲："那我身上有什么东西是别人没有的？"

父亲斩钉截铁地说："如果别人身上有的是幸运，那你身上有的就是厄运。但是这并不代表你比别人差，而是代表你需要比别人更努力。别人一次就能成功，你可能需要10次。"

他点点头，觉得有些沉重，又觉得充满了信心。之后的几年，他始终努力着，每次失败的时候，他都会在心里安慰自己：厄运也不可怕，大不了从头再来一次！

最终，他成为了父亲所说的那样，超越了之前笑话他的所有人。那年高考，全村没几个人成功，只有他，拿了全县的高考状元。

当厄运降临时，可能没几个人能够坚持得住，毕竟每个人都想做幸运儿，希望自己的人生可以一帆风顺。可现实就是如此，总会把厄运扔到某些人头上，让这些人学会什么叫坚强。

有时候会想：什么样的人生才是成功的人生？当然是不断超越自我、不断蜕变和完善的人生，而学会坚强也是一个必不可少的过程。

如果你只是一个普通人，并没有丰厚的家底或显赫的出身，想要独自在这个残酷的社会中立足，就要时时刻刻面临各种厄运与磨难，并且保持一颗坚强的心。

厄运当头时，你更要学会坚持、努力、永不放弃。因为失败不可避免，你要超越别人，就要比别人付出更多努力，尝试更多次失败，否则凭什么成功？

我记得在多年以前，美国的一家报纸刊登了一则启事：某园艺所高额征求白色的金盏花，奖金的数额高得吓人，当时还引起了不小的波动。

如果你的生物课还不算差的话，就会知道在千姿百态的自然界中，金盏花除了金色就是棕色，想要培育出白色的金盏花，并不是一件特别容易的事情。因此，很多人在一阵起哄之后，谁也没有拿出白色的金盏花。那则启事就这样被搁置下来。

直到20年后的一天，那家园艺所突然收到了一封热情洋溢的应征信以及一粒白色金盏花的种子。这件事情很快被媒体报道出来，再次受到美国全民的关注。所有人都在猜测：到底是谁种出了稀有的白色金盏花呢？最后，园艺所的工作人员找到了那位寄信的人。

她是一位年逾七旬的老人，而且是一位真心喜欢种花的人。

20年前，她也看到了那则启事，于是不顾家人的反对，开始自己的“种花计划”。

起初她种下一些最普通的金盏花种子，第二年开花时，她就从那些金色和棕色的花中挑选一朵颜色最淡的，精心培育，并且收取它的种子。第三年，她把收来的种子种下去，再从这些花中挑选出颜色更淡的花，如此日复一日、年复一年，终于在20年后种出一株洁白如雪的金盏花。

一个连植物学家都很难解决的问题，在一个不懂遗传学的老人手中迎刃而解，这是为什么呢？因为老人的坚持与不放弃。或许也有其他人想到了这种方法，可是失败一次、两次后就放弃了。老人却坚持了20年，一次次尝试，一次次从头再来。

有一位英国作家名叫约翰·克里西，在他年轻的时候就特别勤奋地写作，只是幸运女神总是不愿意眷顾他，他所写的小说总是得不到认可。

从他写作开始，一共收到过743封退稿信，面对这样接二连三的失败，他却坦然地说：“虽然和其他人相比，我所经历的失败要多得多，可是如果我就这样放弃的话，那么所有的退稿信都将变得毫无意义，可是只要我成功了，那些退稿信的价值都将重新计算。”

也许正是由于约翰·克里西的坚持，所以到他逝世为止，一共有564本书问世，其中还有多本书在全世界的范围内畅销。

我们可以想象一下，如果约翰·克里西在经历过那些失败之后没有再重新站起来，那么还能有之后的那些成功吗？答案无疑是否定的。

面对现实的厄运，你可以跌倒，但是不能趴下，不能失去内心的坚强。

如果在一次失败之后自暴自弃、意志消沉、一蹶不振的话，那么失败之后就只能还是失败，之后是一连串的失败。但是，如果在第一次失败以后重新审视自我，鼓起追求成功的勇气，你就可能获得一定的成功。因为很多时候，那些看起来已经失败的本身并不是真正意义上的完结，而是一种新的开始。

## 我并不是有多强大，只是我敢于向前走

有时候在想：现实就是一个刁钻的老头，他总是在为难你，与你作对，不让你的日子好过。可是你有什么办法呢？在现实制造的重重困难面前，你需要的仅仅只是一点勇气。

我看过保罗·柯艾略《少女布莱达灵修之旅》，对里面的一段话印象深刻："人生，在每个人面前都会展开两种不同的形态：一种是建造，一种是耕耘。建造者需要花费多年的时间来实现自己的目标，可是总有一天会完成。那时候他们面对的可能不是成功的喜悦，而是自己已经被困在新手建造的围墙里了。在收获的同时也失去了生活的意义。耕耘者则会面对狂风暴雨的打击，应对季节的周而复始，而且永远不会歇息。他们允许自己的人生充满不确定性，因为他们有勇气去面对这样的风险。他们的人生格言就是把耕耘的过程当成一种收获。要选择成为建造者还是耕耘者，这是每个人需要想明白的问题。"

站在现实的荆棘前，每个人都做好了战斗的准备，有的人原地踏步，有的人犹豫不决，有的人缩手缩脚，有的人勇往直前……其实，成功者未必有多强大，只是敢于向前。

你比不过别人的能力，就只能和别人比努力，比勇气，比无畏的精神。

面对同样的现实困难，勇敢的人通常会选择坚持，懦弱的人通常会选择放弃。两种不同的态度，最终将得到两种不同的结局。

美国总统西奥多·罗斯福说：“普通人的成功并非天赋，而是靠把平常的天资发展到不同寻常的高度。”所以，在面对同样的困难、挫折与失败时，不同的人会有不同的选择。有忍耐力的人面对困难会选择勇往直前，而不是轻言放弃。

勇气，能够给我们极大的力量。在面对一个个现实的考验时，能够做出最睿智的权衡，能够勇于决策，并且坚定地做下去。你可以不够强大，但是永远不能失去勇敢的心。

当然，拥有勇气并不意味着将恐惧都消除掉了。如果说勇气和恐惧并不同时存在，那只能是一种谬误。事实上，恐惧感是永远不无根除的，可能只有等到你死后才能做到真正的无所畏惧。哪怕是那些很有勇气的人。内心也会存在些许的恐惧。不过他们能够鼓励自己勇往直前，用实际行动去打败恐惧。

有一次，麦当娜对记者说：“就算让我独自面对十万观众，也不会感到紧张，因为我清楚自己在做什么。”乐坛的一代名流，即使年近花甲，仍然不减风范。她也是勇敢而无畏的，从背弃父母意愿去纽约追逐自己的梦想，到金球奖最佳音乐剧女演员的转型，再到乐坛一姐无法撼动的地位……她所走的每一步，都留下了勇敢的脚印。

成功者为何成功？也许仅仅是有勇气多走了一步，而不是他强大到无可匹敌。

## 那些让你痛苦的必是让你成长的

那些走过苦难的人，会赢得一个全新的自己，会拥有一个全新的未来。那些让你痛苦的，最终让你成长。这是现实世界不变的规则。

我曾经看过一个演讲，主题是《寻找那个弄断了我脖子的人》，演讲者描述了自己在充满金色幻想的少年时期，被一辆超速行驶的汽车撞断了脖子，因此变成了一个拄着拐杖、手指不能灵便活动的人。这位演讲者确实算一个比较成功的人，因为他不断克服残疾带来的不便而没有气馁，最终还当上了记者和老师，并且选择了原谅那个违规驾驶者。

这样的故事太多了，所以多数人看到后都会感叹说："真好，又是一碗心灵鸡汤！"

不过我想说的是在这个故事里，那个违规的司机在事故发生时以及之后的很多年里，都不断向别人诉说自己的不幸，而并没有向被他撞残的人说一句抱歉——他只在意和关心自己。所以在这个故事里，我们能够看到同样的一场车祸，让两个人的人生发生了不同的变化：一个人不断蜕变、不断成长，在痛苦中获得了成功；一个人却思想偏颇、只把目光放在自己身上，停滞不前。

现实让我们学会了成长，而成长的代价是不同的，哪怕是面临同样的一场车祸，它可以让演讲者的人生发生蜕变，直至成功，那个司机却没有因此而有所收获。

如果说，那一场车祸是一个代价的话，那么演讲者获得了成长，那个司机即使再遭遇无数次这样的车祸，也不见得有所成长。

很多人都对傅佩荣教授赞赏有加，他不仅是影响全球华人的国学大师，还是耶鲁大学的博士生、中国台湾大学哲学系教授，同时他在写作、翻译、演讲方法也具有十分突出的成就，他开设的“哲学与人生”课风靡中国台湾大学17年之久，并且每堂课都爆满。

他还在央视的《百家讲坛》中主讲《孟子的智慧》，被国内外的众多学者所认同。可是你知道吗？就是这样一位成就斐然的国学大师，也曾经饱受歧视与奚落。

傅佩荣小时候经常去学那些“口吃”的人，最后导致自己说话也含糊不清。在很长一段时间里，傅佩荣的口吃问题都被别人拿来笑话，这给他的生活及心理带来的巨大的压力。虽然最后他克服了多年的口吃问题，并且成为了著名的演讲家，不过这一段受人嘲笑奚落的经历还是给他留下了难以消除的记忆。

有一次，傅佩荣受邀去参加一个访谈节目，那天烈日炎炎，可是他仍然坚持穿着西装出席。由于当场没有麦克风设备，他便大声地说话，最后，他的嗓子都嘶哑了，让在场的人十分感动，都称赞傅佩荣为人谦逊，并没有一点名人的架子。

傅佩荣却说：“曾经的口吃问题让我对自己提出了两点要求，一是我这辈子都不会去嘲笑别人，因为我被人嘲笑过，知道被嘲笑的滋味是什么，这让我自身并没有什么优越感；二是我很珍惜每一次说话的机会，因为我曾经不能流利地说话，因此在有机会表达时，我会十分珍惜。”这样的经历太多了，如果没有一颗坚强的心，恐怕傅佩荣早就被他人的嘲笑所打倒，更不可能拥有什么成就了。

受到他人的嘲笑与奚落无疑是痛苦的，那些鄙夷的眼神、刺耳的嘲笑都像一把锋利的刀，深深地刺进人的心里。面对这样锋利的刀，傅佩荣却选择了奋起，成为了一名无畏的勇者，笑对他人的奚落。他说："没有人规定我只能有这样的际遇，既然这样，那我为什么不去改变它呢？"当你不再惧怕嘲笑与奚落时，那些嘲笑和奚落你的人，早已无法挤进你的视野，甚至只能匍匐在你的视野之下，卑微到尘埃里。

奥维德说过："忍耐和坚持虽是痛苦的事情，却能渐渐地为你带来好处。"很多伟大的人在成功之前，也曾经历过漫长而痛苦的黑夜，几乎任何人都无法逃脱失败的困扰。在这种情况下，成功者选择了坚持，他们坚持自己的信念，终究会将黑夜变成白昼。

可是在现实生活中，我却时常听身边的人这样抱怨："每次都是失败，我真的不想再坚持下去了。"或者是"没有一个人看好我，我还有什么理由坚持下去呢？"

你现在为了自己的学业、事业而努力拼搏，遇到各种难题和磨难，最后迎来了人生的变化。其实，无论生活给了我们一张怎样的试卷，我们都要有坚定的信念，交出一份最好的答卷。不管遇到什么事情，都不能气馁，不能轻言放弃，要相信坚持到底，成功必然属于自己。

当困难和失败与你不期而遇的时候，你一定要学会自我疏导，要将悲观的情绪化成乐观的情绪，要拥有战胜困难和失败的勇气，决不能认输，不能坐以待毙。

总之，那些让你痛苦的，必是让你成长的；站在痛苦的反面，你必定高大。

## 被失败体验定格的人必定失去了未来

> 人类总是无法兑现自己的诺言，那些看上去很简单并且理所当然的事情，却很难做到，比如，被失败的体验定格后，便站在失败的阴影中，望着遥遥无期的成功。

看过《哈利·波特》作者罗琳在哈佛大学的演讲后，对她有了全新的认识。

罗琳对哈佛学子说："你们都还很年轻，还没有真正地踏入社会，也没经历过什么失败，甚至在你们眼中的失败，在普通人看来已经算是成功了。但我很想告诉你们的是，失败会有一些意想不到的好处，只要你能够在失败中站起来，就还有反攻的机会。"

罗琳告诉哈佛学子，她的父母从来没有上过学，家庭也很贫困，年轻的时候她只想找一份稳定的工作，能够慢慢还掉房子的贷款，将来老了能够领到退休金就行了。但是她在上大学的时候，完全没有了学习的动力，每天喜欢做的事情就是趴在学校的图书馆里写故事。

大学毕业后的7年里，罗琳经历了一次又一次的失败。她不仅结束了自己短暂的婚姻，还失业在家，变成了一个穷困潦倒的女人。不过，这些失败并没有将她打倒。

在失败中，罗琳又站了起来，重新做回了自己，开始将自己的所有精力都用在小说创作中去。如果之前她做什么事情都没有失败，那么恐怕永远无法安心进行写作了。

最后，罗琳告诉台下的哈佛学生："你们肯定没有经历我之前那样的失败，如果你们不幸失败了，请记得像我一样重新站起来，只要信念还是坚韧的，就有机会将失败变为成功。"

世界如此现实，大大小小的失败是不可避免的，如何在失败之后重新出发，并且从失败的经验中寻找未来的出路，才是我们应该去思考的问题。可能在很多人看来，失败是一件很"可怕"的事情，所以他们从来不敢正视自己的失败，只知道怨天尤人。

我看到很多失败的人，他们总是迫不及待地想要翻过这一页，仿佛自己的错误有多么不可原谅似的。可是，成功与失败原本就是不可分割的，没有经历过失败就不可能成功，也没有哪一个成功可以跨越失败。心理学上有一个著名的"特里法则"，它源于美国田纳西银行前总经理特里的一句管理名言："承认错误是一个人最大的力量源泉，因为正视错误的人将得到错误以外的东西。"在每个人的意志行为中，出现错误与失败是再正常不过的事情，而对待错误与失败的态度将决定你的未来。

尽管从小的教育都告诉我们，失败是成功之母，失败了并不可怕，跌倒了就要再爬起来……可现实的情况并非如此，很多人害怕失败，在失败后也没有及时爬起来，而是破罐子破摔，长时间沉溺在失败的阴影中。人类总是无法兑现自己的承诺，这些看上去很简单，并且理所当然的事情却往往难以做到，实在让人感喟不已。

人们对于失败的恐惧，让我想起了心理上一个著名的论断："瓦伦达心态”。它来源于一个真实的故事：美国有一位高空钢索表演者，他的名字叫瓦伦达。很遗憾的是，他在一次众人瞩目的表演中失足身亡了。事后他的妻子含泪说道：“我知道这一次他肯定要出事，因为在他上场前就一直说‘这次表演太重要了，一定不能失败，绝对不对失败……’而此前无论参与什么表演，他只是专心为其做好准备，不去想其他事情，不会担心表演的成功或失败。”后来，人们把这种专心做事，而不在意这件事的意义和结果，不患得患失的心态，称为“瓦伦达心态”。

美国斯坦福大学的心理学教授也指出，大脑中的某些图像会像现实情况那样刺激人的神经系统，从而影响到人的行为及心理。比如，一位篮球运动员在比赛前提醒自己一定要进球，而他的大脑中往往会出现“没有进球”的情景，而这一情景会直接影响到他的发挥，让现实的情况向他害怕的方向发展——最终真的没有进球。

这样说来，害怕失败才是最大的失败。如果一直被失败的体验定格，就无法拥有成功的未来。如果你在做某件事情之前不去考虑太多问题，不让功利心带来担忧，也不被失败所困扰，而是专心去做那件事情，那么成功就会更加容易了。

世界富豪洛克菲勒和他的生意伙伴在创业之初，就遇到了一次巨大的失败。

当时他们一起经营大豆生意，并且与黄豆供应商签订了一份合同，准备买回一大批黄豆，赚上一笔大钱。

可是让他们措手不及的是，黄豆刚到他们手里没多久，就因为霜冻而损毁了一大半，而且还有一些不讲信用的供货商在黄豆里掺杂了沙土和豆秸等。那次生意就那样失败了。

不过，洛克菲勒并没有因为那次失败而感到灰心绝望，也没有被失败打倒始终沉溺在痛苦之中。他再次向自己的父亲借钱，然后吸取了那一次失败的经验，最终在引进外地农产品的过程中收益颇丰。

洛克菲勒并没有受到“黄豆事件”的影响，而是通过不怕失败的精神，获得了事业上的成功。之后，他的事业也越做越大，偶尔也会经历失败，不过这些失败都不会影响他不断进步，不断壮大自己。

在一次记者会上，洛克菲勒十分认真地说道：“对于一个要去创业的青少年来说，他们往往缺少运营的资本。在这样的情况下，如果他们再恐惧失败，那么就会像蜗牛般缓慢行进，甚至止步于成功之路，而永无出人头地之时。”

其实，失败并不是一件可怕的事情，真正可怕的是失败过后便一蹶不振，一直沉溺在失败的阴影中无法自拔。你应该明白，一个人跌倒了可以再爬起来继续走下去，就算你失败，也并不代表你比别人差，更不意味着你的人生已经无可救药了。只要你懂得从失败中吸取经验，这一次的失败一定会变成下一次成功的温床。

## 这个世界上没有任何肩膀可以永远依靠

如果你总是依赖一个人，离开了他你将寸步难行。所以，不要随处安放你的内心，不要让别人成为你站立的支点，因为这个世界上没有任何肩膀可以永远依靠。

不管你的生命中会遇到什么样的人，会发生什么样的故事，都不能太依赖别人，因为那个人总有一天会离你而去，能够永远陪伴你的人就只有自己。所以，你要有独立的人格，独立的思想，要在内心留下一片净土，始终相信自己，并且一直爱着自己。

如果你总是依赖一个人，离开了他，你将寸步难行。所以，不要随处安放你的内心，不要让别人成为你站立的支点，因为这个世界上没有任何肩膀可以永远依靠。

老同学从美国回来，小勇专门去机场接了他。

从机场出来，小勇对朋友说："大概有十几年没见了吧！没想到你儿子都这么大了。"

朋友带着儿子一起回国，说是回老家见一下年迈的老人。

“是啊，你也老了，没以前帅气了。”

“哈哈，你说话这么直接，在美国待久了吧！”小勇拍了拍朋友的肩膀，摸了摸老同学儿子的脑袋，笑着说，“我带你们去吃正宗的家乡菜怎么样？”

父子俩同时点头，显得很期待。

在饭店里，小勇和朋友边吃边聊天，感觉很愉快。

可是到结账时，朋友却拿出来了钱，非要和他AA制，还当着孩子的面。

小勇的内心很不爽，感觉脸上遭了一记狠狠的耳光。朋友十几年才回国，他请客不是理所当然吗？还搞个AA制出来，不是见外吗？

回宾馆的路上，小勇把“不开心”写在了脸上。

朋友好像看出了什么，问小勇：“你是不是觉得我AA制，太不给你面子了。”

小勇觉得两人关系不错，没有什么好隐瞒的，便点了点头。

这时老同学给小勇讲了一个故事。

在美国德克萨斯州的一所中学里，两个孩子约好了周末去爬山，一个是美国孩子，另一个是中国孩子。他们所走的山路比较危险，山坡上经常会有岩石滚落。

那天下着大雨，一块巨石坍塌，两个孩子不幸被困在了巨石的两边。

美国孩子的腿受伤了，轻轻一动就疼得厉害，他断定自己是骨折了。

当时天色渐暗，夜里会更加寒冷和饥饿，那样可能会让他昏厥，甚至让他失去生命。

于是，他努力地用双手支撑身体，慢慢从碎石堆里爬了出来。由于腿部受伤，血不断流着，剧烈的疼痛感时时袭来。但他还是强忍着疼痛，艰难地爬行着，没有人知道他是如何爬回小镇的。

总之，他见到人们的那一刻，就清楚地讲述了自己遇险的时间和地点，还说有一个中国孩子也被困在那里……

美国孩子被送往了医生，他的腿部、肋骨骨折，身上还有多处细小伤口和瘀青。大人将他送到医院，同时快速前去营救那个中国孩子。

当中国孩子被发现时，他几乎被寒冷和恐惧所吞噬了，意识模糊不清。

小勇发现，当朋友讲到这里，他的孩子小脸红得厉害。

孩子也挺勇敢的，鼓起勇气对小勇说："叔叔，其实那个中国孩子就是我。"

朋友问小勇："你知道为什么那个美国孩子比他更坚强勇敢吗？"

小勇摇了摇头。

朋友说："因为AA制在美国十分普遍，有的家庭就算和孩子一起出去吃饭，也要AA制。大人会告诉孩子，要学会自己给自己埋单，而不是总想依靠别人，哪怕父母或爱人都不行。所以，那个美国孩子遇到危险，知道只能靠自己，无论有多么危险……而中国有许多孩子从小受过太多帮忙，习惯性地依靠家人，在遇到危险时也只是原地等着别人来救援。"

小勇这才明白了老同学的意图，脸色也渐渐明朗起来。

AA制虽然是一件小事，却让孩子明白：世界上没有任何肩膀可以永远依靠，所以只能靠自己。其实不只是小孩，成人的世界里不也有很多人习惯性依赖他人吗？

没有做完的方案随手扔给同事；

没有收拾的烂摊子留给家人；

没有钱花的时候到处去借；

……

可是，这个世界上没有谁亏欠谁，也没有谁一定要帮助谁。不靠自己，如何存活？

# 第五章

## 天上不会掉馅饼，不是圈套就是陷阱

## 世界这么残酷，拿什么去满足你的野心

一个人的野心是用来保护自己的，是用来达成目标的，是用来区别于其他人的。可世界这么残酷，你拿什么去满足自己的野心呢？

假如有人说你是一个有雄心壮志的人，你可能会感到很开心，那是在夸你有理想、有抱负。但有人说你有野心，你可能就会不开心了，就像在说你欲壑难填，想抢别人的东西一样。

从古至今，野心被认为是一个贬义词，不过我也听心理学家说过："野心是一个人成功的关键因素。"美国《时代》杂志就刊登过一篇文章，说"野心"是人类行为的推动力。从某种意义上来说，"野心"代表了你的能力，如果你占有的资源比较多，别人占有的资源就会相对减少。因此人人都应该有"野心"才对。提出这种说法的心理学家名叫迪安·斯曼特，他是美国加利福尼亚大学的心理学家，极具权威性。

现实的情况是怎样的呢？每个人在"野心"方面存在各种差异。这些差异引起了许多心理学家的注意，他们希望能够从各个方面进行研究，以证明人们都拥有不同的"野心"。

人的“野心”会受到社会大背景的影响，比如，他身边都是一些有“野心”的人，无论这种“野心”用在事业或其他方面，他都会受其影响，变成有“野心”的人。

如果他身边都是一些没有上进心，毫无理想的人，基本没有什么“野心”，那他也会抱着得过且过的心态，将“野心”放在一旁。

家庭环境也会对人的“野心”产生很大的影响。有的人出身贫寒，整天都在为生计而忙碌，绞尽脑汁想让自己过得好一些，这可能就是出自于本能的“野心”。当然也有一些悲观消极的人，早早地放弃了自己的“野心”。而家庭环境较好的人，尽管他们从小得到的东西就很多，可是也会有懒惰和挥霍无度的人。

另外，一个人的性格也会对“野心”产生影响。一个人如果对自己的生活及事业感到不满，他们会产生一种忧患意识，继而产生一种焦虑感。这样的人在生活中很拼，由于内心的被剥夺感十分强烈，他们总在寻求过度补偿，这让他们显得更加“野心”勃勃。

2014年10月27日，福克斯中国富豪榜发布了，阿里巴巴马云以195亿美元的身家成为中国内地新首富。于是在茶余饭后，人们都在讨论马云是怎样一个“野心”勃勃的人。

那么，作为中国第一大富豪，马云是如何实现自己的财富梦想的呢?

有一年平安夜，马云曾在“阿里巴巴社区大会”上说过这样的一段话:

“每个人都拥有简单而美好的初恋，所以第一次恋爱总让人刻骨铭心，其实梦想也和初恋一样，每个人的初次创业的梦想都是最美好的。可是很多人抱着美好的梦想，走着走着就不知道去了哪里……”马云的这番话当然是有所指的，因为在2001年网络泡沫破灭时期，马云带领阿里巴巴依然坚持自己的梦想毫不动摇，当时有三十几家网络公司都倒闭了，只有阿里巴巴一家幸存下来，并且逐渐成为全球最大的企业电子商务网站。

马云在鼓励年轻创业者时说过：“每一个年轻的创业者都应该有自己的梦想，有了梦想之后还必须坚持下去。即使在最困难的时候，也要熬得住。只有坚持自己的梦想永不放弃，才有机会品尝到成功的滋味。”

这是一位有“野心”的人说出的梦想箴言。在如此残酷的世界里，他是如何去满足自己的“野心”的呢？我想靠的就是忍耐与坚持。如果你也能够像马云这样，在危机与困境中学会忍耐，坚持自己的梦想与选择，那么肯定能够让梦想开花结果。

有“野心”的人即使面对苦不堪言的境遇，也不能轻易选择放弃自己的梦想。当你学会忍耐，学会坚持与对抗时，就为自己赢得了更多的可能性。很多时候，坚持就会靠近希望，坚持就会消耗逆境的影响力，而天平总是会倾向真诚和努力的那一方。忍耐也不是弱者的气质，更不是自我迷失，而是属于强者的必修课程，是从幼稚到成熟的必经之路。

现代心理学认为，完整的忍耐性人格应该包括承诺、控制和挑战三个成分。

承诺——即个体对于目的和意义的感知，这种感知通过个体积极卷入生活事件而不是消极被动避免卷入的方式表现出来。

控制——即在不利的条件下，个体拥有的通过自身行动来改变生活事件的信念，并在这种信念指导下采取行动，努力对生活事件施加影响而不是孤立无助。

挑战——即个体希望从积极的和消极的经验中进行持续学习，认为变化才是生活的正常状态，变化是成长的促进力量而不是对于安全的威胁。

李开复在《做最好的自己》一书中写道：“毅力是一种心理忍耐力，是不怕挫折、愈战愈勇的精神。”在实现梦想的过程中，忍耐性人格会发挥积极重要的作用，因为拥有忍耐性人格的个体具有乐观精神，也懂得坚持，这些品质是满足你的“野心”所必备的。

所以，当你觉得梦想正渐渐远离自己时，请重新拾起梦想给予你的忍耐与坚持。一个有“野心”的人，绝对不会眼睁睁地看着梦想流失。

## 你付出多少，你才能得到多少

人总要有务实精神，不要企图不劳而获，否则很容易掉进陷阱。想要收获，就要付出；想走得远，就不要原地踏步。

小武在上大学时对考研十分疯狂，他当时只想着两件事情，一是通过考研来换专业，二是通过考研进入更理想的大学。

对小武有一定了解的朋友都清楚，他并不喜欢自己所读的大学和专业，它们都是家里安排的。小武喜欢文学，平时爱写东西，可他的专业却让他不得不每天完成各种化学实验。

终于熬到大四，他有机会和父母说“不”了。

父母异口同声说：“你还是考进公务员系统吧，至少稳定……”

小武却说：“我有自己的文学梦，你们不能一直管着我，我已经决定报考中文系了。”

他的想法是那样坚定，只是没有想到跨专业考研的难度比高考还要难上百倍。

从那时候开始，他每天都从早学到晚，除了睡觉、吃饭、上厕所的时间，他基本都在学习。对他来说，每天能够多赖5分钟床，就已经够幸福了。

有一次，他梦见自己只差1分就考上了，仅仅1分而已。于是，他在梦里痛哭流涕，等哭醒了才发现，整个寝室里的人除了他，都在通宵玩游戏。

上铺的同学见他醒了，十分不解地问："大学里还不忙着玩，等毕业找工作了，哪还有时间玩啊？"

小武说："为了自己的梦想，我必须得拼，要付出相应的努力才行啊！"

几年后，小武成了小有名气的作家，出版过几本书，上过几次电视台。生活虽然忙碌，也算不上富裕，却是他自己想要的生活。

有人问小武："一个人要有多幸运，才能像你这样，过上自己想要的生活啊？"

小武说："我能够过上自己想要的生活，靠的不是运气，也不是偶然。你可以想一想，如果你考大学时，选的专业不是自己喜欢的，而是父母喜欢的；你选修的课程不是自己喜欢的，而是学分高的，拿证多的；你所找的工作也不是自己喜欢的，而是待遇好的。在做选择时，你从来没有把'喜欢'当成一回事，又凭什么过上自己喜欢的、想要的生活呢？"

有的人会担心，自己努力了，付出了，却没有得到想要的生活，却还是一无所有。虽然现实不一定让你的付出都不落空，但所有的收获都不是白白得到的。只有付出了，才有可能得到。

世界如此现实，很多人还没过上想要的生活，尽管他们已经十分勤奋努力，甚至整天加餐吃盒饭，也有可能在30多岁的时候没车、没房、没钱。

现实就是这样，你除了接受和继续努力之外，还能做什么呢？虽然为了生活疲于奔波的人有很多，人人都在努力，可是你如果能够坚持到最后一个，就会变成唯一的胜利。

更主要的问题在于，如果你现在不努力过上自己想要的生活，以后就要更努力地面对自己不想要的生活。

我们身边总有一些人，他们将时间用在游戏里、微信上，将岁月蹉跎。那样毫无作为地躲在电脑或手机背后，刷着廉价又没有意义的存在感。

前几天，有一位女同事在朋友圈写道："我现在有四个愿望：不劳而获、不学有术、相爱无伤、狂吃不胖。"同事们都纷纷点赞转发，还有同事评论说："你真是懒成仙女啦！"

女同事的话可能只是在追求那样一种生活，如果可以不劳而获、不学有术、相爱无伤、狂吃不胖，谁又不愿意呢？现实的情况却大相径庭，至少这位女同事每天仍然辛苦地加班，而且身材稍微有点肥胖，正在努力减肥中。

如果只是一种对理想生活的追求也没什么，偏偏有人将它当成一种生活态度。这些人的脑袋里整天都只想着坐享其成，可以不用付出任何努力就能得到自己想要的一切。他们的嘴里也在说"要有诗和远方"，要来一场"说走就走的旅行"，却不知道靠什么出发。

这个现实的世界里，能够不劳而获的只有两样东西：年龄和贫穷。没有什么事情，不动手、不付出努力就能够实现。真正美好的生活都是靠自己努力拼搏出来的，而不是自己从天而降的。通常，你选择并接受怎样的生活方式，就决定了你将成为一个怎样的人。

表妹家里给她安排了一份很不错的工作，在一家大型金融公司做审计。按表妹的能力，只要多一点耐心，多一点细致，就能够将这项工作做好。

然而，没干几天她就辞职了。原因是她觉得工作太"累"，自己又太粗心大意。

又过了几天，她后悔了，给我发微信说："家里好不容易帮我找的，最后却没有做下去。其实那份工作还不错，只是我自己没有坚持和珍惜。如果世界上有后悔药吃，我肯定会撑死！"

我没有安慰她，也不知道如何去回复，因为我只想到两个字“活该”。

于是，想了好久才回了一句话过去：“假如你现在拥有很多美好的东西，就要努力让自己配得上它们，这样才不会很快失去。假如你不努力，也不珍惜，最后只会失去美好，配上越来越糟糕的东西。”

不管是生活、工作，还是感情，都是那样。机会虽多，可是没有一个位置是空闲的。如果你不努力让自己配得上机会，就只会被排挤出局。一旦如此，也没有什么值得抱怨的，毕竟是自己没有努力，没有去争取啊！

每次看到别人的成绩单都远远超过你；看到公司里的前辈做得尽善尽美；看到陌生人神采飞扬……你都会感到羡慕不已，都会在心里念叨：“他真是太厉害了，自己真是弱爆了！”

现实是怎样的呢？别人闪闪发光，只是付出的努力得到了回报。而你总是在等待奇迹的出现，很少会去努力，甚至只拥有没有行动的梦想。

## 千万别相信他人嘴上的人生

人生是你自己的，所以你不能相信别人嘴上的人生。那些被别人嘴巴“虐待”的人，请用大脑思考一下，为何要被别人的嘴巴指使？为何要如此在意别人的想法？这些问题都想通了，你也就放松了。

我将钢笔的图片发给了几位同事看，希望他们能够给我一点意见。结果同事们七嘴八舌，有的说挺好，性价比高，可以买；有的说外观不怎么样，还是不要买了。

我纠结了好久，最终也没有付款。那支钢笔在我的购物车里安静地待了好久。

之后我又想：自己要买的东西，为什么非要别人来影响呢？难道别人说好就好，别人说不好就不好吗？

朋友嫌自己胖，去健身房办了一张卡，才去了几周他身边的人就说：“你真的瘦了，可以不用再去啦！”事实上，朋友一周只去两次健身房，而且每次去都只是跑步，他的体重比起以前也仅仅只瘦了一点而已。

后来，只要朋友在办公室说自己下班后要去健身，立刻就会有人跳出来说：

“健什么身啊，你都那么瘦了！”

朋友很爱面子，怕被别人说是在“装”，明明那么瘦了，还去健身减肥。可他真觉得自己不瘦啊？

现实的世界就是如此，有人的地方就容易产生是非，就会有议论、赞赏或批评。如果一个人太在意别人的看法，就等于过着别人嘴上的人生，不仅无法获得生存的快乐，还会失去自己的个性或特色，无法让自己的潜能得到发挥。

一个人活得是否快乐，要看他是否活得是自己的人生。如果你活得失去自我，那一切快乐都会变成假象。所以，你一定要守护好自己的人生。哪怕别人批评你、否定你、攻击你，也不要失去自我。要永远记住，这个世界上唯一否定你的只有你自己。

不要太在意别人说的话，饿了就吃，困了就睡，渴了就喝，开心了就笑，难过了就哭，想写东西就写东西。

如果你听到别人说你太胖了，你会不会放在心上，很在意呢？你会不会因此而去减肥，下定决心要瘦成一道闪光去亮瞎别人的眼呢？我想很多人都会有这样的经历。可是又有几个人会因为别人的评价而去忍饥挨饿呢？就像有人说你长得丑一样，难道你就要去整容或者整天戴着面具出门吗？

著名心理学家马斯洛说过：“一个完全健康的人的特征之一就是拥有充分的独立自主性。”什么是独立自主性？就是要拥有自己的主观认知，不轻易被他人的言语所影响，能够完全把握和操控自己的人生。

有一位心理学家去拜访一位村民，因为前不久村子里发了大水，这位村民在汹涌的洪水中救起了自己的妻子，自己的孩子却溺亡了。

悲剧发生之后，村里的人都议论纷纷，一部分村民认为他的选择是正确的，因为妻子只有一个，孩子却可以再生；另一部分村民却认为，孩子不能死而复生，妻子却可以再娶一个，所以他的选择是错误的。心理学家为此对他进行心理疏导，便问他当时是怎么考虑的？他回答说：“我并没有考虑太多，因为洪水袭来之时，妻子就在我的身旁，所以我快速地将她救到附近的山坡上，当我回来时孩子已经被洪水带走了……”

我们无法对这样的选择做出任何评价，认为它一定是正确的或者错误的。因为一个人要面临的选择很多时候都无法预知，当选择出现在你的面前时，你也没有太多的时间进行思考。

人要独立自主地活着，不要相信别人嘴上的人生，更不要被别人的话影响人生选择。

## 在求人帮忙时，你如何做到每求必应

人活着就会遇到各种事，有的事你没办法独立去解决，就不得不求助于他人。可是你的求助可能会受到冷遇，而不是每求必应，别人没有义务非要帮助你。

生活中，我们总会遇到各种事，大事、小事、好事、坏事，在这些事事非非中，有求于人是再正常不过的事情了。如何才能在求人帮忙时，做到有求必应呢？我想每个人都会有每个人的解决方法。

世界著名艺术家弗尔特说过："你可以经常说话，可不要说得太长，要少讲述冗长的故事，除了贴合主题、言简意赅的话，其他的最好不要说。"所以，在求人帮忙时，尽量说得简单一点，最好通俗易懂，不要咬文嚼字，更不要文绉绉地说一些矫情的话。

除了说话要简单易懂外，还要根据对方的个性来说话。

当然，这些都只是求人的"基本功"，此外还有一个方法很值得我们学习一下，那就是利用心理学上的"登门槛效应"去求助于人，会大大增加成功的概率。

美国社会心理学家弗里德曼做过一个“登门槛”的心理实验，刚开始他让一位大学生带着一份有关安全驾驶的请愿书去拜访一些家庭主妇，并且请她们签上自己的名字，结果所有的受访者都签了名。

几周之后，弗里德曼又让另一位大学生去拜访两组人，前一组是从来没有接触过的人，而后一组是之前拜访过的家庭主妇。这次拜访的目的是让她们在自家的后院里竖立一个交通安全警示牌。

最后实验的结果出来了，就跟弗里德曼推测的一样，前一组只有17%的人同意了那个请求，而后一组有80%的人同意了。

弗里德曼将这种心理现象称为“登门槛效应”，也就是一个人接受了别人的一个小要求，那么在此基础之上，他也会倾向于接受别人提出的另一个“得寸进尺”的要求。

“登门槛效应”在生活中十分常见，也被许多心理学家证实，比如，加拿大心理学家曾经号召多伦多居民为癌症学会捐款，结果发现假如和人们直接提出这个要求，则只有46%的人愿意捐款，但是如果分两天进行，第一天发给人们这次活动的纪念章，并请求人们佩戴，第二天再提出捐款的请求，结果同意捐款的人数翻了一倍，为什么会出现这样的情况呢？

这是因为人们所做出的每个意志行动都具有最初的目标，面对众多场合，人们所作出的决定总是要权衡各种利弊，假如外在环境相同，人们总会选择那些简单容易的目标来接受。而人们又都喜欢表现出自己友好、合作的一面，并且有着保持形象一致的想法，既然答应了一个简单的要求，那么为了保持这种形象的一致性，即便再面临一个比较琐碎的“得寸进尺”的要求，他们也会下意识地倾向答应。如果感觉接受“尺”有难度，那么不妨从接受“寸”开始。在目标实现的过程中，要善于“搭梯子”，当然梯子的方向要是正确的，并且注意梯子的间距要适当，要遵循易于转化的原则。这样让人们接受起“尺”来就不会再是难事。

如果要把“登门槛效应”说得更简单生动一些，那就是“随风潜入夜，润物细无声”那样的循序渐进。如果你求助的那个人先接受了一个微不足道的请求，为了不给别人留下“不一样的印象”，他往往能够接受之后更大的请求。这种方法，就像是登门时上台阶一样，要一个台阶一个台阶地登，这样最终登到最高处。

## 别做空想者，还是做自己命运的主宰者吧

在竞争激烈的现实社会，再伟大的“空想家”都不可能幸运到只靠想象就能获得成功。自己的命运要握在自己手里，千万不能交给别人。

有一次和朋友聊天，我问她：“你做过最异想天开的事情是什么？”

她想了想说：“上大学时，和三个舍友一起减肥，其中一个女孩站在宿舍中央做深蹲，我和另一个女孩一边看电脑，一边想幻着自己也在运动，通过这样的方式来一起减肥！”

我知道她是在半开玩笑，不过这样的“白日梦”谁没有做过呢？不管什么事情，如果只是在脑袋中运行，而没有现实的行动，就是白日梦。有多少人心里一直想着要去做某件事情，可是终其一生都没有去做过，他们是最典型的“空想家”，是纸上谈兵的高手。

一个人如果光想不做，那么他将永远没有实现梦想的可能，正如富翁洛克菲勒在给儿子的信中写道：“和普通人相比，我似乎要聪明、狡猾很多。盖茨先生吹捧我是一个主动做事、自发自动的行动主义者。我很乐意接受这样的吹捧，因为

我并没有辜负它。我身上最重要的标识就是积极行动，因为我从来都不喜欢纸上谈兵或流于空谈，也希望你不要这样。你必须明白，没有行动就没有结果，世界上没有哪一件东西不是由一个个想法付诸实施所得来的。人只要活着，就必须考虑行动。”

洛克菲勒告诉儿子行动的重要性，这也是现实世界中最宝贝的经验：只有做一个积极的行动者，做自己命运的主宰者，才能将心里的想法变成现实。如果只有空想，而不付诸行动，那么就等于是纸上谈兵的行为。在残酷的现实社会，最大的忌讳就是纸上谈兵。你懂得再多，如果仅仅局限于理论而不懂得去实践，那也是空谈。道理再简单不过了——如果你想学习游泳，就要下到水中去；如果你想远行，就勇敢踏出第一步。

你看看身边那些只会心里空想、嘴上说得天花乱坠的人，他们的行动却可能是百般拖沓、一塌糊涂的。你想过如何避免自己出错吗？你想过如何去弥补它们？如何与现实的世界和平共处？我想，你一定想过很多，甚至在开导别人的时候说得头头是道，可是当问题真正出现，真正降临到你的头顶上时，你又变得不知所措了。

1976年，英国皇家探险队员迈克·莱恩跟随英国探险队成功登顶珠峰，可是在下山的过程中遇到了巨大的暴风雪。

狂暴的寒风夹杂着鹅毛大雪，一次次阻断前进的道路，而且没有要停下来的迹象。

迈克·莱恩和队员们的食品所剩无几，如果停下来安营扎寨，肯定会在下山前就因为食物短缺而被饿死了；如果继续前行，大部分路标都被积雪覆盖，他们肯定会走许多弯路，而且队员们身上的增氧设备及行李会压得他们喘不过气来，这样不等他们饿死，也会因为疲惫而倒下的。该怎么办呢？

整个探险队陷入了迷茫与沉默中，正当大家都拿不定主意的时候，迈克·

莱恩却毅然丢掉了自己身上的所有的装备，只留下不多的食物——他准备轻装前行！

队友们被迈克·莱恩吓傻了，都站出来阻止说："现在下山，最快的速度也要10天，也就是说，10天之内不能够安营休息。你扔了所有装备，肯定会因为体温下降而冻坏身体的，那样就有生命危险了。"

迈克·莱恩却坚定地告诉队友："我们只能这样做，才有机会活着走下山。你们看这暴风雪的天气，没有十天半个月，是根本不可能好转的。如果不马上行动起来，前方的路标肯定会被全部掩埋的，到时候我们就真的走投无路了。现在我们把身上的装备都丢掉，从此也不再抱任何幻想，而是把所有的希望都放在同一个目标上——走出暴风雪！徒手而行能够大大提高我们的前行速度，只要我们有信心，就一定能够获得生的希望！"

最后，整支探险队毅然走进了暴风雪。他们一路相互帮助，相互鼓励，忍受着严寒与疲劳的侵蚀，最终只用了8天时间，就到达了安全地带。后来的事实表明，那场肆虐的暴风雪真的持续了半个多月时间。

迈克·莱恩也因为这次传奇的探险经历成为英国民众心中的"偶像"。

在迈克·莱恩80岁生日时，伦敦国家博物馆的工作人员找到他，希望他能够捐赠一件与当年珠峰探险相关的物品，作为那次传奇探险的纪念，没想到迈克·莱恩赠给博物馆几根冻掉的脚趾，另外还有迈克·莱恩亲笔写的一句话："真正的勇士，是那些敢于放弃，勇于行动的人！"

或许，人生目标确定容易实现难。但如果不去行动，总是抱怨缺乏必要条件，那么连实现的可能也不会有。冥思苦想，谋划着自己如何有所成就，是不能代替身体力行去实践的，没有行动的人只能做白日梦。

我记得有一位幽默大师曾经说过："我每天做出的最难的决定，就是离开温暖的被窝，走到冰冷的房间里。"心理学研究也已经证明，一个想法停留在脑子里的时间越长，就越容易变得脆弱，可能用不了几天，一些细节就会变得模糊，一周左右你可能已经完全忘记了它的存在。这是一件很可怕的事情，只知道纸上谈兵会让你成为一个名副其实的空想家，如果再不行动起来，连你的“空想”也会消失的。

所以，你必须让自己成为一名行动与实践家，当你心里有想法的时候，就要用现实行动去检验它。理论知识虽然很重要，但是只有通过实践才能显示出它的价值，一个付诸现实行动的普通想法，要比成千上万个不去实现的天才想法实际得多。

从今天起，你应该让自己的生活变得现实起来，而不再是空想。你要试着这样去做。

每天提前15分钟起床，利用这段时间来考虑如何最大限度地利用好新的一天。

时刻记住“行动第一”，把这四个字写在经常能够看到的地方，并且记在心里。

尽量少闲聊，在回答别人的问题时，必须抓住重点来说。

休息时远离电视或电脑，获取信息时要懂得选择，不要成为一个“信息植物人”。

把自己不喜欢做的事情写出来，标注完成时间，然后立刻行动起来。

有问题出现也是正常的，你不能因此而产生懈怠心理。

不要给自己找借口，决定的事情就要马上去完成。

# 第六章

# 记住，你可以装单纯，但千万别太单纯

## 过于标榜自己，只能说明你内心的脆弱

聪明的人永远不会说自己聪明，就像愚蠢的人永远不会说自己愚蠢一样。

现实百态，有善恶之分，可是有一类人却让我们又爱又恨。这类人最显著的特征就是热情待人，有求必应，会将你照顾得舒舒服服，让你心生感激，将他们当成最要好的朋友。

与此同时，他们又喜欢标榜自己，总把自己做过的好事放在嘴边，不管是大事小事，无论什么场合，面对怎样的人，他们总是不自觉地提起自己对别人的好，好像要告诉周围的人："我就是这样乐于助人，我就是要你记得我对你的好，没有我你就是不行……"

这样的话听多了，自然会感到有些生厌。

那么问题出在哪里呢？我想是人在做完好事后的不同处理方式。人们还是更喜欢做了好事不留名的"雷锋"同志，而不是做了好事就不断标榜自己的人。

总是在别人面前标榜自己，这时候，乐于助人的品质会完全被忽略掉，让原本的感激之心变成烦恼。

20世纪美国著名小说家布恩·塔金有一句座右铭："不管什么时候都不要太把自己当回事。"这句座右铭来源于一次艺术家作品展览会。

那时候，布恩·塔金作为特别嘉宾入席，突然有两个孩子跑过来说："我们想要您的签名。"还把一个小本子和一支铅笔递给了他。

布恩·塔金当时已经小有名气，他接过本子和铅笔，龙飞凤舞地签下了自己的大名，还附赠了一句鼓励的话。他以为，两个孩子会高兴得手舞足蹈，没想到其中一个孩子看了他的字迹后，嫌弃地说："字写得不好看。"说完就开始用橡皮擦去了他的签名。

从那以后，布恩·塔金便有了那句座右铭，他时刻告诉自己，"不要太把自己当回事"，无论对待任何人、任何事都要学会低调和谦逊。

朋友圈经常会看到一位朋友在秀自己的才华，明明是吃饭、睡觉、喝茶这样的平凡的事情，非要被他说成用膳、就寝、品茗，读起来酸溜溜的。于是，总有人在他的朋友圈评论说："你还是回古代生活吧，现代人听不懂你说的什么。"

我对这位朋友也有一定的了解，他确实拥有写作的天赋。

上高中的时候，他在妈妈的安排下进入了一个作文补习班，补习老师很厉害，是当地作协的人。补习老师也很看重这位朋友，认为他是可塑之材。

几个月的补习让他的写作水平突飞猛进，还有好几篇文章上了市内报刊，在一次全国性的作文比赛中拿了优秀奖。渐渐地，他的作文成了补习班的必读作品。补习老师也总是将他挂在嘴边，赞赏有加。而他呢？也渐渐感到无比骄傲，甚至认为自己的作文是班里最好的。

"骄傲来了，羞耻就来了。"越来越骄傲的他，开始懒于写作，对老师布置的课题随意处理，作文水平渐渐走下坡路。

一天在课堂上，补习老师像从前那样拿出一篇课文在讲台上展示并夸奖了一番。

他以为，那篇作文肯定是自己的，可当老师念出作文的第一句时，他几乎要炸开了。因为老师念的是另一位同学的作文。不仅如此，老师对那篇作文十分赞赏，不断圈出作文里的优秀之处，让同学们都学习一下。

他实在听不下去了，突然站了起来，大声道："老师，我觉得这位同学的作文根本比不上我的。你为什么这样赞赏他？"

课堂的气氛顿时凝重起来，同学们都面面相觑。

老师不动声色地说："你认为这篇作文哪里不好呢？我倒觉得不错……"

他想了下，红着脸说："我觉得……第一，题材不够新颖，都是老生常谈的东西；第二，语句不够优美，很多修饰都不够准确；第三……中心不够突出……"

他几乎是硬着头皮说这几点的。那位受到"批评"的同学也一脸委屈地看着他。

老师有点无言以对，然后从一摞作文本中找到他的，翻开几页，指着内容对他说："你这是在评价自己的作文吗？这段时间，你的作文质量不断降低，我都以为你江郎才尽了。"

他带着憎恨的目光看着老师，其实是在恨自己为什么要懈怠。

下课后，老师叫住了他，用一种比较严厉的语气对他说："如果你真的已经厌倦了写作，就没有必要再留在我的补习班里。否则，就请你像从前那样努力……"

他还没有反应过来，老师又接着说："之前我很认同你的写作才能，可是你太自负，只知道标榜自己。虽然别的同学没有你的天赋高，他们却知道如何进取。现在你的写作水平大不如前，这一点你自己也能感觉出来吧？"

听了老师这些话，他感到无地自容，因为他也知道自己总是喜欢在别人面前标榜自己拉大了与他的距离。

契诃夫的小说里有一个经典的形象——套子里的人。那些喜欢标榜自己的人，也像把自己装进了套子里一样，让自己显得与众不同。

在现实的世界里，每个人都觉得自己是优秀的，所以你不要总是标榜自己，只关注自己的存在，有时候也要关注、赞赏一下其他人。毕竟，你只有以他人、以周围的事物为镜，才能更好地看清自己，知道自己的位置，也知道自己是怎样的一个人。

## 让所有人喜欢你，如同想把整个海洋煮沸一样

> 这个世界上有三件事情你永远完不成：给珠穆朗玛峰装上电梯，把整个海洋煮沸，让所有人都喜欢你。这是单纯的完美主义者的“死穴”，因为世界上并没有绝对的完美。

我们身边总会有这样一种人，他们很努力地去做好每一件事情，希望自己是完美无瑕的形象，并且能够得到每一个人的喜欢。

我猜，你也遇到过这样单纯而可爱的人。他们不仅对自己提出高标准、高要求，还对身边的人或事秉承同样的态度。他们总希望成为别人眼中的“完人”，尽管自己已经十分出色了，仍然无法让自己感到满意。他们也知道这个世界并不完美，可是又渴望生活在极度完美之中，因此显得矛盾而怪诞。只是他们没有意识到一点，想要让所有人都喜欢自己，那种难度系数肯定会高于煮沸整个海洋。

幸福学导师泰勒·本-沙哈尔说过：“我们要追求卓越，但是不要追求完美，这才是人们获得幸福的根本。”追求完美原本是一种积极的心理，人们希望把事情做得更加完美，希望自己能够面面俱到，能够被所有人喜欢，这些都是正面而积极的力量。可是过于追求完美，尤其是努力成为别人眼中的“完美形

象”，却是一种病态心理。完美对于人们来说，就像是一把双刃剑，运用得当，你将获得无穷的力量；运用不当，则会让自己陷入无边的苦恼之中。

很多人从小到大都被灌输要努力争取第一、要赢过别人的思想，这样会逐渐掉入完美主义的怪圈，无论做什么事情都要求精细甚至忽略全局，慢慢地将自己弄得疲惫不堪，也将自己的本性给丢了。其实，苛求完美也是一种欲望，我们必须用自己的忍耐去克服它，去接纳不完美的真实世界。对于完美主义者来说，任何一个细节上的不完美，都足以让他们抓狂。他们既不能接受自己的不完美，也不能接受身边人以及身边事的不完美。

美国第一畅销书女作家黛比·福特说：“每个人都有不完美的地方，所以我们时常会努力变成人人都喜欢的样子，让自己活得很累。其实，每个人背后都隐藏着优点，而每个人的阴暗面都对应着一个生命礼物：好出风头只是自信过度的表现；邋遢说明你内心自由；胆小能让你躲过飞来横祸；泼妇在有些场合是解决问题的最好方式……只要我们真心拥抱它，才能活出完整的生命。”这正是一个不完美的女人说出的完美读白。

黛比·福特在成为作家之前，曾经过着放荡不羁的糜烂生活，当时的她没有人生目标，没有梦想和希望。直到28岁的时候，黛比·福特才突然醒悟，她认为自己不能再浪费宝贵生命了，而应该努力去做自己力所能及的事情。

后来，黛比·福特丰富的人生经历成为她创作的源泉，而让她蜚声全球的著作正是《接纳不完美的自己》。

黛比·福特并不是一个完美的人，甚至可以说有很多“缺陷”。

不过，她善于接纳自己的不完美，努力成就了完美的人生。

为什么黛比·福特可以做到这样呢？因为她说“只有自己能够拯救自己。”黛比·福特能够接纳不完美的自己，现实生活中却有很多人无法做到。

人类生产力、创造力及清楚大脑的最大敌人便是完美主义。畅销心灵作家茱莉亚·卡梅隆在《艺术家之路》一书中写道："完美主义其实是导致你止步不前的障碍。它是一个怪圈——一个强迫你在所写、所画、所做的细节里不能自拔，丧失全局观念又使人精疲力竭的封闭式系统。"加拿大的心理学家戈登·弗莱特从20世纪90年代开始研究完美主义，他发现所有完美主义者身上都存在这样或者那样的心理问题，有的甚至可以称为心理疾病。为了更好地研究完美主义者，戈登将他们分成三种类型。

自我型："自我型"完美主义者，通常会给自己设定一个较高的目标，然后通过自己的努力去实现。如果现实付出没有取得相应的回报，他们就会陷入自我批判，出现失落沮丧的情绪。这种类型的完美主义者，在生活中比较常见。

外因型：这类完美主义者通常会因为外界的某些原因，比如，他人对自己的期望，或者自身所处的环境压力，而给自己设定较高的标准。这类型的人很少会接受新鲜事物，因为害怕失败，害怕做错决定，更害怕给人留下愚蠢、不完美的形象。如果他人的要求不合理，他们也只会强忍愤怒，默默地进行自我调节。

外放型：这种类型的完美主义者，不仅会对自己提出严格的要求，还会将高标准的要求拓展到他人身上，对于他人也要求绝对的完美。这样的病态心理会给他人带来消极的影响，并且严重影响自己的人际关系。比如，朋友之间的关系，甚至夫妻间的关系也有可能因为"外放型"完美主义而破裂。

无论哪一种类型的完美主义者都应该努力调整自己，努力接纳自己的不完美。要知道，世界上并没有真正完美的事物，任何事物都会存在一定的缺陷。比如，代表着爱与美的维纳斯只有一只手臂，却被称为世界上完美的艺术品。过去的岁月里，有很多艺术家都尝试着将维纳斯的断臂修补上，可是最后都以失败告终。因为无论给维纳斯加上一个怎样的手臂，都没有之前那样完美。

现实的世界里根本没有绝对完美的事物，如果你一定要让自己变得完美起来，非要让所有人喜欢你，那么肯定会付出惨痛的代价，并且最终得不偿失。

## 深谙世故却不世故，这才是真正的成熟

你可以读懂社会的本质，可以读懂人际关系间的潜规则，可以读懂所有的人情世故。可是，这些都不能说明你是一个成熟且成功的人。真正成熟的人，应该是深谙世故而不世故。

去年夏天，天气特别炎热，陈雪和一群同事去一个漂流胜地游玩。

陈雪刚从学校毕业，思维比较单纯，平时表现得很女生，也不懂什么人情世故。她总觉得身边的同事年龄都比自己大，所以要宠着自己、惯着自己。

在漂流的过程中，她的一只鞋子落到了水中，立刻沉底了。

从皮划艇上下来，沿岸都是被骄阳晒得发烫的鹅卵石，他们还需要走很长一段路程。

陈雪可不想就那样赤脚走下去，于是她向身边的同事求助，可谁都只有一双鞋子。别人都说："我不可能把鞋子脱给你穿，而自己打赤脚吧？"

听到这样的回复，陈雪觉得很难受，因为平时只要她撒娇，身边的人总会满足她的需求。可是，这一次没有一个人愿意把鞋子借给她穿。她突然觉得，这些同事都不好了，以前还觉得他们很热心，乐于助人，可现在一个个都见死不救。

这时，陈雪身后有一个男孩突然站了出来，将自己的鞋子脱给了她。然后，他自己打着赤脚，在滚烫的鹅卵石上走了很久很久，还逗陈雪说："你看，像不像铁板烧？"陈雪点点头，心里对这个男孩充满了感激。

男孩苦笑着说："以后你可不要这么单纯了，以为人人都会帮助你，现实会告诉你，没有谁是必须要帮助你的，帮你可能是出于交情，不帮你也是理所当然的事情。"

陈雪有点小委屈，嘟着嘴说："我还是不太懂人情世故，比如，我把这些同事当朋友，难道还有错吗？"

男孩说："除非是你身边的亲人，或者真正的朋友，其他人并不会总是顺着你的。"

陈雪记住了男孩的话，也渐渐懂得了什么是世故。她还学会了对帮助自己的人心怀感恩，并且力所能及地给予更多的回报。

现实的世界本来就充满了人情世故，它们就像各种线条一样，布满了生活的各个角落。如果你不懂得其中的规则，很容易就触及一些敏感的线条。

那些深谙世故的人，知道如何去面对这个残酷世界里的真诚与虚伪。

有的人会被世故所影响，为了所谓的生存，让自己变得和周围世故的人一样。也有一些人不愿放弃自己的原则，与太世故的人作斗争，最后变得不那么世故。

举一个最简单的例子：借钱——这恐怕是很多人眼中最能够体现出人情世故的事情。如果不是到了走投无路的地步，谁会愿意放下身段去向别人借钱呢？

去年冬天，一位朋友去外地出差，发生了一点小意外，急需2000元。

当他打通我的电话时，我感觉有一点奇怪，因为我们的关系并没有好到可以随便借钱的地步。为此，我犹豫了一下，回复他说："等下我给你打电话吧！"

我想了大概半个小时，还是决定把钱借给他。当时心里还在怀疑，会不会是骗钱的？但是我又想起一位恩师给我说过的事情：一次，他在车站等人的时候，一对父子走了过来，说是钱被小偷偷了，急需50元车费钱。恩师当时也在想是不是骗子呢？可是又想，50元钱，如果被骗了，损失不大；如果是真的，却帮了父子两人，不是很好吗？

所以，我决定把钱借给那位在异地出差的朋友。

一个月后，他把钱还给我，还请我吃饭。事实证明，他没有骗我。

他说："你能够借钱给我，我真的感到很意外。"

我问他："为什么会这样说呢？"

他回答："在拨通你的电话之前，我已经打过了好几个电话了。当时你说等会儿回我电话，我还以为自己要打下一个电话了。因为这些电话我都是按照亲疏关系打的，越是打到后面，我就越没有信心。别人都以为我是骗子呢！所以，打到你的电话时，我几乎是没有抱太大希望的。没想到，最后你却伸出了援手……"

这位朋友的年龄也不小了，什么人情世故没有见过呢！突然说出这样的话，确实让人感到有点触动。

每个人都以不同的姿态去面对这个世界，有的笨拙，有的轻巧，有的爱表现，有的过于自我，有的喜欢拍马屁，有的喜欢成全别人，有的自私自利……

面对各种各样的人，我们有时也会疲于应对。别人如何，我们无法去控制，但是我们能够决定自己可以成为怎样的人。一个世故的，只看重名利的人，或者一个不世故，更重感情的人，都可以由自己来决定。

或许，你已经深谙世故，但是我希望你可以保持一些永远不变的东西：

不用有色眼镜看人；

习惯性地对别人露微笑；

相信别人说的话；

不把金钱放在第一位；

爱身边的人！

## 要想钓住鱼，请像鱼那样思考

当你手捧玫瑰想赠予别人时，首先嗅到芬芳的人是你自己；当你手抓污泥想要砸向别人时，首先弄脏双手的人还是你。

我们都知道一个道理，想要了解一个人，就要去参透他的思想，站在他的角度来看世界。如果对方是一条鱼，你就要了解一条鱼的思维，而不是永远像垂钓者那样高高在上。

比较乐观的人，从来不会僵化地看待事物，哪怕遇到不幸了，他们也会从中看到美好、有益的一面，他们甚至会说："纵声欢唱的人会把灾祸和不幸吓走。"无论面对怎样的灾祸与不幸，都要学会乐观地面对，有很多的人看不到生活中积极阳光的一面，导致人生也变得黯淡无光。其实，只要能够换一种心态，换一个角度去看问题，生活也能充满阳光和欢乐。

我认识一位项目经理，他擅长交际，他说："我们在做任何一个项目时，都必须认真分析客户所拥有的心理，一个优秀的客户经理必须具备换位思考的能力，并且能够站在总经理、副总经理、中层领导、基层员工的角度去思考问题。

我的一位女性朋友，她坚持说自己不婚，要做"不婚"一族。很多人都劝她赶紧结婚，她却非常反感。无论别人怎么说都没有用，因为别人没有经历过她所经历的感情，所以永远无法理解她为什么要坚持那样的选择。

国外有一家知名的皮鞋公司打算拓展自己的市场，公司老总看准了非洲一个偏僻的国家，于是派了两位优秀的推销员前去那个国家考察。等到了那个国家之后，两位推销员都惊呆了，因为那里的人基本上都不穿鞋。

第一位推销员看到这样的情况，心里无比失落，他想这里的人都没有穿鞋子的习惯，肯定没办法打开市场了。于是，在回到公司后，他愁眉苦脸地对老总说：“那个国家的人基本不穿鞋子，所以我们公司根本没办法打开那里的市场。”

老总听了，点点头，并没有发表自己的意见。

第二位推销员看到同样的情景，却异常兴奋起来，他想这里的人都没有穿鞋子的习惯，如果能够打开这个市场，鞋子一定会卖得很好。于是，他回到公司对老总说：“那个国家的人都没有穿鞋子的习惯，只要我们公司在那里建立分部，能够让鞋子大卖的。”

老总微笑着点点头，最终采纳了第二位推销员的建议，在那个非洲国家建立了分部。果然，鞋子的销量异常好，第二个推销员也因此成了那个非洲国家分公司的负责人。

有时，现实的世界也没有那么糟糕，只要学会换一个角度看问题，就有可能得到不同的答案。正如上面那两个推销员一样，仅仅因为看待问题的方式和角度不一样，就产生了截然不同的想法。如果你想钓到鱼，就请像鱼那样思考。

英国有一句著名的谚语：“想要知道别人的鞋子是否合脚，只要穿上别人的鞋子走一英里就行了。”当我们遇到问题，无法靠自己单纯的思维去解决时，要学会换一个角度看问题，这样便能够寻找到其他的解决办法。

很多人可能都不知道，一百多年前的哈佛大学是什么样子，当时的哈佛大学周围治安环境很差，在学院的南墙外就有一个贫民窟。为了不让那些贫民影响到学院的治安环境，校方还专门修筑了一堵高高的围墙，不过最后一点作用也没有起到，反而激起了贫民的反感。

后来，哈佛校长改变了自己的想法，不仅推倒了高高的围墙，还在学校里开设了专门的免费学习班，公开向贫民窟的孩子授课。这样的做法自然得到了各方的支持，而南墙一带的治安问题也得到了解决。可见，世界上所有的事物都具有多面性，如果你不懂得换位思考，就永远无法掌握全局。很多问题看似无法解决，可是只要换位思考一下，就能很好地解决了。

换一个角度看问题，能够让你更加理智地看待问题和处理问题，而不是做出片面的决定；换一个角度看问题，能够站在别人位置去思考，从而更好地理解别人的需求和目的；换一个角度看问题，还能让自己不再“糊涂”，从而更加全面地去解决问题。

如果你想钓到鱼，就要学会像鱼那样思考，这才是靠近一个人、解决一个问题的最好方式。

# 第七章

## 如果不能改变规则，就好好利用规则

## 不懂得规则，再忙也只是碌碌无为

> 这是一个充满规则的社会，一个人想要突出重围，拼的是格局，靠的是眼界，比的是能力。无论与人相处、与集体相处、与世界相处，首要前提就是懂规则。

一个人必须懂得思考，自己的行为方式是否合乎这个世界的规则，这样才不至于让自己的忙碌变成碌碌无为。一头只知道拉磨的驴，永远只会生活在劳苦中，至死可能都没有考虑过自己为何要那么做，其实是可以改变的，却没有过改变的想法。

这是一个讲究规则的社会，对于规则的理解和把握会直接决定一个人的生存现状。

在一个公司或者一个社交圈子，都有其特定的规则，每个人在这些规则下生活、工作和思考。有的规则是必须遵守的，也是不可改变的；有的规则却死板硬套，我们可以超越甚至改变它。一个忘记思考的人，会被规则卡死，一辈子碌碌无为。

在美国奈尔大学的实验室里，威克教授正在进行一项伟大的实验。他将几只蜜蜂放进一只透明的玻璃瓶子中，然后将玻璃瓶平放在桌子上，瓶底朝向窗口有亮光的地方。

那只几蜜蜂在玻璃瓶里飞舞，都朝着瓶底有亮光的方向飞去，可是每次都只能撞在瓶壁上“嗡嗡”作响，却始终没有找到真正的出口。

蜜蜂一次次朝着亮光处飞去，经过无数次失败之后，它们终于发现自己永远也飞不出去，于是只能绝望地停留在有亮光的瓶底。

紧接着，威克教授又将几只苍蝇放进了玻璃瓶子里，没想到苍蝇到处乱撞，在瓶子里飞来飞去，最后居然一只不剩地逃跑了。

也许你很好奇，为什么聪明的蜜蜂没有找到出路，到处乱撞的苍蝇却逃脱了呢？

这是因为在蜜蜂的思维模式里，只有明亮的地方才有可能是出口，可怜的蜜蜂无法打破自己的“自然规则”，所以在无数次的失败之后，仍然将自己困于瓶底的亮光处。而苍蝇并不知道什么规则，它们的头脑十分简单，只要发现前路不通，就能立刻改变自己的方向，就算以到处乱撞的方式也让它们获得了自由与成功。

最后，威克教授得出了结论：“坚持不懈、冒险、即兴发挥、最佳途径、迂回前进、混乱、刻板和随机应变，所有这些都有助于应付瞬息万变的形势。”这就是著名的威克效应。

伟大的恩格斯把思维着的精神比喻为人类地球上最美的花朵。在生活的迷宫中，所有的事物并不是静止不动的，包括规则也是时刻发生着变化。想要走出生活的迷宫，找到人生的康庄大道，就不能只是埋头忙碌而不懂得这个世界的规则。

一个有格局、有眼界、有能力的人，不仅懂得这个世界的规则，还知道把自己放在规则的内外。这才是真正拥有大智慧的人。

## 在一无所有的年纪里，凭什么云淡风轻

> 你现在孤独一人，家境普通，没有事业，没有存款，可是你过得很快乐，时刻都在以自己独有的方式享受生活，追求岁月静好。然而夜深人静时，你仍然感觉自己一无所有。

在一个饭局上，遇到一个做网络直播的大帅哥，他穿着华丽，看起来就像韩国明星，而且还化了妆，打了耳钉。

我在埋头吃饭，他就坐在我对面，像个小女生轻轻夹了几块就不吃了。整整一大桌好吃的东西，他都无动于衷，只说自己“吃够了”“要减肥”。

吃完饭后，他拿起麦克风，一边做直播，一边给大家唱了一首《从前慢》。

所有人都对他赞不绝口，人帅歌美，不愧是年轻人的典范啊！

不过，饭后闲谈时却有人告诉我，其实他在家时非常邋遢，也很懒惰，除了直播就是玩游戏，连一个正式的工作都没有……华丽的外表只是为了掩饰内心的虚无。

饭局结束时，他忙着和所有人打招呼，和所有人建立关系，请所有人在朋友圈帮他宣传一下。

我突然很羡慕这位帅哥，好像不用面临生活或工作上的各种压力，可以活在自己的世界里，也活出自己的样子。不管他在家，或者独自一个人时是怎样一个状态，至少他站在人前是光鲜亮丽的，是和这个现实世界无关的。

这位做直播的帅哥让我想起了一位同学，她以前上高中时长得并不漂亮，工作一两年后整个人都变了。在翻朋友圈时，经常能够看到她在晒各种唯美的照片，去各个城市旅行，吃各种国外美食。她还自己开了一家客栈，也晒在朋友圈里——她坐在逆光的落地窗前，手捧着书，喝着咖啡，看起来十分优雅，与世无争。

然而有一天，这位很久没有联系的同学却突然给我打电话了，说是想借钱，数额不小。

我自己本来也挺拮据的，一下子根本拿不出那么多钱。我问她："发生了什么？"她却支吾半天不说。

过了几分钟，她终于说了："我开的客栈已经亏了不少钱，而且生意一直不好，快入不敷出了。"

我感到挺愕然："既然亏本了，为什么还要继续呢？找一份工作不也挺好吗？现在这个社会做什么不赚钱，努力三五年日子也会好过的……"

关键是到了那时候再过光鲜亮丽、与世无争的生活也不迟啊！

"感觉不太好。"她的声音降低了，小声说，"很久没有工作了，也不习惯职场里的尔虞我诈，感觉自己不是这个世界的人。"

我告诉她："现实就是如此啊，不勇敢面对，难道一直逃避吗？"

她一直在电话中说自己根本不喜欢竞争，不想和人来往，喜欢与世无争的小情调生活。我问她："就算借到了钱，以后生意还是不好，怎么办？"她又支吾起来。

我想很多人都抱着这样的想法：人生应该为了自己，而不是名利或钱财而活；人生必须要有一次说走就走的旅行；这辈子必须去一次云南或西藏；所有财富都只是过眼云烟；要看淡一切，做一个与世无争的人。

这些确实是超凡脱俗的人会去做的事情，可是你呢？在一无所有的年纪里，凭什么云淡风轻？你在职场里努力奋斗过吗？你遭遇过多少生活的艰辛？你为梦想付出过多少努力？你说你已经看透了生活，厌倦了世俗，可是你能够脱离这一切独自而活吗？

如果你还一无所有，就不要想着云淡风轻，就不要想着与世无争。这是给成功人士享受的生活，而你离成功还很遥远。

你不要只看到别人可以去马尔代夫旅游，可以去洛杉矶度假，却看不到别人为了工作而努力加班，为了一个方案而绞尽脑汁。

你不要只看到别人把所有喜欢的东西都装进购物车，却看不到别人为了存钱省吃俭用。

你也不要只看到别人拥有S型身材，拥有八块腹肌，而没有看到别人在跑步机上挥汗如雨。

你不要只追求结果，而忽略过程中付出的艰辛与努力。在现实生活中，能够真正让你云淡风轻的只有努力，通过去壮大自己，闯出自己的一片天地。

中国南方有一种很特别的竹子，如果农民打算将它们种在自家的耕地里，必须拥有很大的耐心。因为这种竹子起始长得非常慢，第一年的时候竹子一点儿动静也没有，甚至连芽都不会冒出来，第二年、第三年、第四年也是如此，直到第五年的时候，它才从土里冒出一点小芽，可是之后的一年里，它的长势却十分惊人，每天至少要长高0.6米。当夜深人静的时候，你走进竹林里，甚至能够听到竹子拔节成长的声音。

这种竹子为什么能够在一年的时间内迅速成长起来呢？其实，在它长出地面之前，它的根部已经在地下默默地生长了，最长的根系甚至可以延伸到好几百米。它就这样默默努力着，直到时机成熟的那一天，就突然从土里冒出来，让看到的人们惊叹不已。

竹子能够迅速生长，保持翠绿和风华，这和它的努力程度有关。我们看一个人也是如此，表面云淡风轻，内心却成熟踏实。在努力奋斗中，如果你因为自己得到的回报不多，就放弃了努力本身，那么这对于你来说无疑是一笔更大的损失。

在一无所有的年纪里，你必须努力，去经历各种磨难，去学会生活，去品尝岁月的滋味。这样你才能够顶得住所有压力，养得起自己，才能够真正的与世无争、云淡风轻。

## 在充满机遇的年代，你怎么敢甘于平凡

你甘于平凡，就等于放弃了进取心。在这个充满机遇的年代，各种平台都有可能成为人生的踏板。谁说你不能一飞冲天，站在众人之巅。

毕业有好几年了，被拉进了许多同学群。前两天又被拉进一个初中微信群，群名称还挺怀旧的，叫“03级3班”。虽然初中毕业已经很多年了，可热情的小伙伴聊起天来仍然和当年一个样，仿佛又回到了那段青涩的时光。

客套的寒暄之后，大家渐渐把热情的聊天变成了有意的攀比：谁买房、买车，结婚生子了；谁成了大老板，年薪好几百万；谁在摆地摊卖耳机线；谁成了大作家……

初中毕业以后，大家都踏上了各自不同的人生轨迹，有的人不负众望成了人生赢家，有的人却出乎所有人意料，其中变化最大的是两个男生寝室的人。

当时，学校的住宿条件不好，每个寝室都要挤进十几个人。其中一个寝室的人学习成绩都不怎么样，个个贪玩，每天的生活就是篮球和游戏，最上进的想法可能就是考上高中吧！

另一个寝室里的人却都是精英学生，他们有的是班干部，有的成绩特别优异，个个都是一副怀揣着远大梦想的样子。两个寝室的人平时没什么交集，这不仅仅是学渣和学霸的区别。

多年以后，两个寝室的人差距越来越大。从最初的一所高中的差距，然后是大学的差距，接着就是学历、学识、身份、经历、见解、财富和地位的区别。甘于平凡的寝室里的人仍旧在社会中扮演着平凡的角色，而精英寝室里的人成了医生、商人、主持人或职场达人……

在现实社会，大家都靠实力说话，一切都显得那么平等公正。懒散的、不思进取的最后也只能平庸；进取的、勤奋的一定会得到更多的机会。如果你甘于平凡，就只能在平凡中沉溺，永远失去进取的决心。

很多年轻人可能都有这样的经历：在懵懂的青春岁月，你以为只要努力考上大学，人生的命运就会发生质的改变，不过到了大学毕业之后才赫然发现，就算有了文凭也不一定能够找到一份让人满意的工作。当你终于找到自己梦寐以求的工作，又发现一切都和自己想象中的不一样——这个世界上根本没有真正让人“满意”的东西。这时候，你的梦想仿佛被击碎了一般，你也渐渐无所适从，对未来充满了未知和恐惧。

有位教育学家曾经说过：“当今社会的大学生已经不能再自诩为社会的精英，而应该把自己定位成一个普通的劳动者，然后进行就业选择和就业竞争。”的确，在这个竞争越来越激烈的社会，普通的大学生再不敢轻易将“精英”的帽子戴在自己的头顶上，不过真正的“精英”也必然出于年轻的一代，只要你足够优秀，就有机会脱颖而出。

相反，如果你甘于平凡，又如何在这个充满机遇的年代里脱颖而出呢?

一位股份有限公司的董事长，堪称成功的商界典范，但很少有人知道他在初中还没有毕业的时候去做了一名小鞋匠。

13岁那年，离初中毕业还有半个月的时间，因为父亲的腿部骨折，只能子承父业，做了一名修鞋匠。作为家里的长子，他不仅要养家糊口，还在照顾弟弟妹妹，生活的重担一下压在了他的肩膀上。

他谨记父亲的教诲“百脚的蜈蚣也只能一步一步地走，做人做事也一样要踏踏实实”，从一个小小的鞋匠开始做起，一步一个脚印，最后成为家喻户晓的商界名人。尽管他事业有成，不过在回答媒体提问时还是谦逊地说道：“我并没有做到最好，只有把这块市场做到最好了，我才会考虑做其他的行业。”坐拥财富和名誉，仍然脚踏实地不断进取，这和他小时候的修鞋经历有着分不开的联系。他知道自己处于怎样的位置，也知道自己接下来应该做什么。

我们不能否认，自己是幸运的，毕竟生长在一个充满机遇的时代。无论在政治、经济、文化，还是安全方面都拥有前所未有的优势。

年轻人初入这个现实的社会，最重要的一点就是给自己一个确定的定位，哪怕自己缺少平台，手中所拥有的资源十分有限，也不能自暴自弃，灰心失望。相反，如果你拥有良好的可利用资源，自己本身也很优秀，同样不能眼高手低，好高骛远。进入社会只是年轻人学习的开始，只要自己所从事的行业，能够提供给自己发展的机会，就应该安心工作，努力进取。

如果你拥有一个良好的平台，可以站在较高的起点上高速发展，那么你绝对是一个幸运儿。绝大多数年轻人并没有这样的“好运”，他们没有较高的起点，也没有太多的资源可以利用，所以只能找准自己的位置，不甘于平凡，努力改变生活的宽度。

## 你是感到迷茫，还是自愿沉沦

很多人在现实生活中感到迷茫，不知所措，所以选择停滞不前，甚至自愿沉沦。其实，每个人都有积极向上的力量，就像一座火山时刻等待着喷发。

学员刚从北京回家，非要拉着我聊天。她离开家乡三年，和恋爱7年的男朋友分手了。

那一刻，我有一种变成“垃圾桶”的感觉，也做好心理准备去听她的故事了。果然，她刚坐下就扔过来一句话：“在外这几年，工作特别不顺利，上司总是为难我，辞职信都写了好多封，结果一个回复都没有收到，真的不敢辞啊！”

我微笑着点点头，她自顾自地继续说起来……

“刚分手，现在自己的脾气可大了，估计以后不会再喜欢其他人，也不会被别人喜欢了吧？谁受得了我呢？可能这辈子都不会再去谈恋爱了吧？”

“回到家也不知道可以做什么，感觉不知道人活着是为了什么。”

“不如随便找个人嫁了吧？反正遇到不自己爱的人，那就找个有钱的，老点也没关系。”

“不知道未来的自己会怎样，反正是不会幸福的。”

学员的苦水不断倒过来，我从她的脸上只看到两个字——迷茫！

在现实的生活中，总会有人会感到迷茫、不知所措，几乎所有人都曾有过一段惶恐不安又充满无力感的时光。虽然你会觉得人生还有很多可能性，但是又不敢再确定自己是否能够实现，更不确定自己能否成为自己想要成为的人，不确定自己能否过上自己想要的生活。有时候也在担忧，自己的青春时光还能够浪费多久。

所以，无论是在宽敞明亮的办公室里，还是拥挤不堪的公交车上，时常可以听到年轻人发出这样的感叹：“我每天不是在努力上班，就是在去上班的路上！如此忙忙碌碌却不知道为了什么？难道工作就应该像不知疲倦的陀螺一样，反复而机械地运转吗？”每次想到这些问题，年轻人的脸上都充满了迷茫，甚至浮出一丝淡淡的忧伤。

20世纪50年代，美国的建筑业得到了蓬勃的发展，各种招募工匠的启事满大街都能看到。当时建筑工匠的身价一涨再涨，待遇不断创下新高。

一位工匠出身的年轻人听说城里正在高薪招聘工人，于是立刻放下了自己手上的工作，从偏僻的小村庄赶往城里，希望能够从千千万万的工匠中脱颖而出，在城里找到高薪的工作机会。

当他到达城市之后，看到四处都是招聘启事，而且对于工匠的要求也十分严苛。他想，自己必须先好好看一下，对比哪家公司的待遇最好，然后就去哪家公司应聘。

这时候，他的内心是迷茫的，毕竟现实和自己想的完全不同。犹豫了半天，他的脑子里突然迸出一个新奇的想法：“我为什么要去应聘工匠，而不做点其他事情呢？”

年轻人有了自己的想法，马上回到家乡筹措了一笔钱，在城里租了一间小门面。第二天，他将一张广告纸贴在了门口，上面写着："资深工匠培养新人训练所"。

很多来城里应聘的工匠没有想到，应聘单位对工匠的要求那么多，很多应聘失败的工匠看到这么一间训练所之后，都走进去求教，并且当场交了学费。

那位年轻人给自己创造了另一个机会，并且利用自己的专业技能赚到了大笔金钱。这比他当工匠赚来的血汗钱要多出好几十倍呢！如果在他感到迷茫时选择回家，或者和千千万万的应聘者竞争，他可能就不会有这样的成就了。

不知道从什么时候开始，迷茫变成了青春的伙伴，被越来越多的年轻人当成一种标签贴在自己身上。

上大学的时候有那么多时间，却用来睡觉、玩游戏，都是因为迷茫。

找工作时总觉得跳槽很简单，三五天就换一次，总想拥有更好的工作，也是因为迷茫。

谈恋爱了，总是患得患失，不是吵就是闹，同样是因为迷茫。

我很喜欢一句话："如果你感到迷茫了，那么恭喜你，因为你即将找到新的方向了。"当一个人处于迷茫状态时，往往会有两种不同的表现，一是寻找新的目标，二是自愿沉沦。

2004年，还在哈佛大学研读心理学和计算机专业的马克·扎克伯格突然产生了一个想法，他想建立一个良好的网络平台，供哈佛学生们学习交流。

这个想法产生之后，马克·扎克伯格便行动起来，最终创立了世界最著名的交友软件Facebook。这让马克·扎克伯格在23岁的时候就被《福布斯》杂志评选为"最年轻的亿万富翁"，之后他又被《时代杂志》评选为"2010年年度风云人物"。

那么这样一位卓有成就的年轻人，他是依靠什么成功的呢？这还要从很多年说起。

当时，马克·扎克伯格刚刚进入哈佛大学，他觉得百无聊赖，十分迷茫，生活好像没有太多的目标和希望。这时候，马克·扎克伯格的老师对他说："我觉得你将来一定会是一位卓越的成功者！"

迷茫中的马克·扎克伯格十分认真地思考着，自己如何才能成为一名卓越的成功者，自己的梦想到底什么。直到上大二那年，他终于有了一个好的想法，并且将它付诸了实际行动。这样一步一步创建了现在风靡全球的Facebook。

迷茫是每个人都经历过的事情，关键是在迷茫时你将做出怎样的选择——自愿沉沦，还是继续向前？不要以为生活会给你最好的答案，其实你自己心里比谁都清楚，你只是清醒地看着自己沉沦或走向希望。

## 该以怎样的姿态面对世界，世界才会来爱你

如果你把现实的世界当成爱人一样，去关心、去理解、去倾听，那么现实世界也会以同样的方式来爱你；如果你对现实世界恶意相对，那么你只会收获满满的恶意。

有过恋爱经历的人肯定都知道，爱一个人的感觉，总是在刚开始的时候很甜蜜——多一个人陪伴、多一个人分担，终于不再孤单了，至少自己知道，任何时候都有一个人想着自己、恋着自己，不管做什么事情，只要两个人能在一起，就是幸福的。

可是，渐渐地，随着双方认识的加深，彼此也慢慢地发现了对方的缺点，甚至有一些是自己无法忍受的，就这样，两个人的争执越来越多，矛盾也愈演愈烈，彼此开始感到厌烦、感到疲惫，甚至想要逃避对方。

很多人在回忆前情旧爱的时候，都会嘘唏不已，曾经那么执着地对待爱情，最后却屡屡被爱情甩掉；曾经那么用心地呵护一个人，最后却被对方视若无睹。

再看看我们周围那些失恋、受伤、痛哭流涕的人，他们往往是爱得最深切、付出最多的人。爱情啊，到底要我们怎么做呢？有人说："当你爱一个人的时候，爱到八

分绝对刚刚好。”这样，所有的期待和希望都只有八分；剩下两分用来爱自己。

或许，这样的爱情才能真正地长久下去。

爱一个人尚且如此困难，爱这个现实的世界就更不容易了。我们应该以怎样的姿态去面对这个现实的世界，世界才会来爱我们呢？

如果你曾被现实的世界所刺伤，你的内心会出现的第一念头可能就是报复。

然而报复他人，你所遭受的伤害就能弥补回来吗？也许你会因此更加失落。

我看过一部小说，里面描述了这样的一个情节：

战争期间，主人公在波兰集中营里经历了非人折磨，九死一生，最终顽强地活了下来。战争结束后，他作为一名受害者，在全世界进行巡回演讲，揭露纳粹的丑恶与野蛮的面目。

那天，当他结束演讲刚要离开的时候，一个佝偻的身影向他走来。

这个人用奇怪的目光看着他，有种似曾相识的感觉。霎时间，他回忆起来了，这个人就是他在集中营时的看守。他一辈子也无法忘记这个人，就是这个看守在监狱中害死了他的全家。而现在，他的“仇人”朝他走了过来，并且满眼忏悔和羞愧地伸出手来，要与他握手。主人公把手放在身旁，一双怒火中烧的眼睛恶狠狠地盯着这个佝偻的看守。

仇恨与报复的火焰在主人公的内心燃烧着，他之前曾经无数次在脑海中想象过，如果遇到这个人他会怎样，此刻他却不知道接下来要做什么了，他只好尽量让自己保持平静。但是片刻之后，面对着这个羞愧地恳求忏悔的人，主人公选择了宽容与饶恕，因为刚刚他正好在讲一个关于宽容的话题。他试着微笑，麻木地举起右手。但当他们的手最后握在一起时，主人公的心底涌起了一股对这个曾经的恶魔的怜爱，这种爱让他忘记了疼痛和仇恨。当他走过去，紧紧地将那个人拥入怀里的时候，他心里的伤口瞬间愈合了。

报复的感觉或许会让你痛快一时，可是因为报复毁了原本应该正常的生活，却最终会让人悔恨一世。所以说，报复是心灵之毒，只会让你更加失落而已。

人与人是相互的，人与这个世界也是相互的，你希望这个世界怎样对待，就以怎样的姿态去面对这个世界。当我们一只脚踩碎了紫罗兰的花瓣时，我们鞋底还残留着淡淡的花香，这就是所谓的与人为善，宽容待人。

谁都有做错事的时候，不论是主观的原因，还是客观的因素，都可能会给我们带来伤害。这时候如果只有满心的憎恨，总是感觉愤愤不平，甚至企望别人被各种厄运缠绕，那么当仇恨的藤蔓爬满我们的内心，最终掩盖了心灵的窗户，也就失去了往日安宁与快乐。事实上，宽容并不是一种懦弱的表现，而是一种理解，一种心灵上的修炼。面对那些做错事的人，面对这个世界的刺伤与不公，宽容是最好的相处方式。

在一个偏远地区，有两个小小的村庄紧挨在一起。其中一个村庄经常会发生入室抢劫的恶性案件，很多村民的家中都被一伙蒙面劫匪“光顾”过。可是，相邻的另一个村子却相安无事，连一起类似的案件也没有发生过，这又是为什么呢？后来，警方将那个抢劫团伙全部抓住，在审讯室里，警方问道：“为什么你们只选择那个村子作案，而邻近的一个村子却秋毫无犯呢？”劫匪回答说：“我们的确光顾过那个村子，可是每次靠近村民的院墙时，总会有一群可恶的鸟儿聒噪起来。鸟儿的叫声吵醒了村民，这时村民家里的灯火都亮了起来，我们只能选择离开。”

原来，在那个相安无事的村子里，村民的院墙都是由同一位年轻人堆砌的。他在堆砌院墙的时候，总会故意留下一些空洞，方便鸟儿们筑巢，他对那些小鸟施予了小小的善举，却在无意中保全了整个村庄的财产以及每位村民的生命安全。

如果你希望被这个现实的世界所宠溺，就要学会以善待人。正如伟大的思想家卢梭所说：“善良的行为有一种好处，就是使人的灵魂变得高尚了，并且使它可以做出更美好的行为。”

有一种规则叫作：一点恶意就毁了灭自己，一点善意就感动了世界。

## 不浮躁，从最不愿意做的事情做起

> 当你不得已做自己不喜欢的事情时，就会更加深刻地理解什么是现实和残忍。暂时放弃自我，并不是失去自己，而是一种隐忍或策略。

人生最美好的事情是什么？就是有机会去做自己想做的事，去过自己想过的生活。可是世界怎么会有那么多刚刚好，刚好是你喜欢的，刚好又让你做了。

现实世界的规则不是为你一个人而定的，不然你还能选择只做自己喜欢做的事情。

当你在做一些不愿意做的事情时，会不会感到特别烦躁呢？在家里被父母“逼”着写作业，在学校被老师“逼”着上自习，工作了老板总是给你最累的活，谈恋爱时被女朋友“拖”去逛街，在饭局上被灌得烂醉……

这些事情可能会让一些人抓狂，甚至是一些人痛苦的根源。

如果你不得不去做一些自己不喜欢的事情，你会选择隐忍地接受？还是果断拒绝，弄个鱼死网破呢？

我认识一位朋友，他在英国某广告公司担任创意总监，工作平步青云。

然而在他刚进入公司时，由于年轻气盛曾得罪了人事经理。在那段“灰暗”的日子里，只要一有会议，他就会被经理批一通。

为此，他很想拍拍屁股一走了之。因为他每天做的都是自己不喜欢的事情。

一次回国出差，他和我聊起了自己的经历，并且在酒酣耳热时痛骂那位人事经理。

我劝慰他，要学会忍耐，如果真的拍拍屁股走人，不仅无法给自己洗白，还会被贴上“不敬业”的标签。而且，那家广告公司在英国非常有名，他不必太在意他人的眼光，而应该调整好自己的心态，从公司中汲取有益的养分，让自己迅速强大起来才是最重要的事。

朋友认真思考了一番，决定“忍”下来，并且好好调整自己的心态，从最不愿意做的事情做起。他以兢兢业业的工作态度堵住了经理的嘴，以实实在在的业绩赢得了公司上层的认可。由于在业务上表现突出，没几年时间就成为了公司里的创意总监。

有一句话说得很好：“我们可能没办法阻止事情的发生，可是我们能够调整心态，能够决定这件事带给我们的意义。”同样的道理，我们不可能不受到心态的影响，但是我们能够改变心态，将消极状态变成积极的力量。哪怕在做自己不喜欢的事，也要从中获益。

我记得以前读过法国哲学家帕斯卡尔的一本书，书名叫《人是能够思想的芦苇》，其中有一段很著名的文字是这样的：“我们全部的尊严就在于思想。正是由于它而不是由于我们所无法填充的空间和时间我们才必须提高自己。因此，我们要努力好好地思想，这就是道德的原则。”

我们知道，人的思想是最为奇妙的东西，它能够控制人的行为，让人们以开阔的眼光去看待世界；思维也会限制人的行为，让人们钻进死胡同里无法转身。

中国宋代大文学家苏洵说过：“一忍可以制百辱，一静可以制百动。”

有时候，从最不喜欢的事情做起也是一种理智的选择，是一种成熟的表现。如何才能做到这样的忍耐呢？当然是要把眼光放得长远一些，为了长久而思考，忍一时之痛，才能有长远的收获。

我认识一位朋友，他大学学的是计算机专业，研究生读的是计算机智能，毕业之前在一家国际大型企业实习了半年。这时候，他却发现自身存在一些知识漏洞，于是毅然放弃了几十万元的年薪以及优厚的待遇。

这样的决定无疑让众人不理解，换作任何人可能都不会做出这样的选择。

回到学校后，他申请延期毕业一年，主要学习经济、金融业知识，并且常常跑去听哲学、中文等看似毫不相干的专业课。

一年后他毕业了，当时全国受到金融危机的影响，薪酬待遇比之前低得多，他却以更加丰富完善的专业知识拿到了之前3倍的年薪，让之前不理解他的人大吃一惊。

当别人问他当初为什么做出那样的选择时，他回答说："其实我们每个人都应该思考一个最简单的问题：假如没有了眼前的工作，自己还能够做什么？去当作家写专栏？你的文字功底如何？去开淘宝店？你知道网店运营的具体模式吗？很多人都觉得选择别人的路会更容易走下去，可事实上走自己的路才能够获得成功。"

在社会规则的挤压下，人还是必须忠于自己，不要总是顾虑别人的想法，总是想取悦于人，不要只做自己喜欢的事情。生活的最可贵之处，就在于按自己的想法生活，从自己最不喜欢的事情做起，不断丰富充实自己的内心。

# 第八章

# 别让你的善良为愚蠢埋单

## 你对他人的好也许他不需要

全心全意对别人好，得到的不一定是感激，也许是厌倦。所以，你的付出可以不求回报，但一定要有价值，一定符合对方的需要，不多也不少。

一位学员的初中的班主任老师说过一句话，“不要以为付出越多，得到的回报就越多，除非你永远不去提及”，至今仍然记忆深刻。

当时那位班主任30出头，在那个闭塞而传统的小镇上，那样的年纪算是“老男人”了。

有一天，他突然就有了女朋友，就像从天而降一样。当他牵着一个年轻的女孩走进学校，所有学生都炸开了，惊呼着“好漂亮，好漂亮，好漂亮……”

女孩才19岁左右，五官精致，身材高挑。而他呢？身高不到一米六，身材有点发福，看起来又黑又老——没有啦，其实他在同学们心目中还是很伟岸的！

班里的同学都在议论：为什么“老牛”吃到了嫩草？为什么她会喜欢胖子？为什么年龄相差那么多还可以谈恋爱？为什么他们看起来那么不般配……

八卦的心永远不分性别和年龄。这些疑问存在了一段时间，几位拥有福尔摩斯性格的同学几经打探，终于知道了事情的真相。

原来，那个女孩是那位班主任老师以前教过的学生，高中毕业后就去上海打工，没一年就被家里叫回来相亲，也不知道介绍人是不是喝醉酒了，介绍几个没成功，最后把他给介绍过去了。两人一见就看对眼了，女孩年轻漂亮，班主任没啥可说的，他有啥好的，没人知道。

同学们只知道，班主任老师对那个女孩太好了。平时凶神恶煞的班主任，总是轻声细语地对她说话，每天下厨给她做好吃的，给她买很多小礼物和零食。

有几位同学在背后说："班主任老师这样对她好，把她宠得像个小公主，可能是因为班主任觉得自己不帅吧！"

我的那位学员倒觉得，班主任老师是发自内心的爱，想要给予更多，所以会不求回报地付出。

无论哪种情况，最后的结果是他们分手了。

失恋后的班主任老师无比惆怅，接连好几天上课都不在状态中。

有人说，那个女孩离开他是正常的，他们本来就有太大的差距。

还有人说，女孩太没心没肺了，班主任对她那么好，居然那么绝情地离开……

那位班主任老师自己却很清楚，并不怪那个女孩。

多年后的同学聚会，那位班主任老师也参加了，他变得更胖，也更老了，找了一个普通的女人，长得不漂亮，生了一个女儿。

闲谈时我的那位学员问他："还会想起当初那个漂亮的女孩吗？"

他说："会，但是已经是过去了——哈哈！"

"后悔了？"我的那位学员以为班主任老师是觉得自己的付出没有得到回报。

"确实有点后悔。"班主任老师点了一支烟，吸了一口，接着说，"她分手的时候告诉我，当初看上我并不是因为我的外形，我也知道自己外形差，她只是喜欢我上课时严肃、认真的样子，那会让她觉得安心、安全。可是恋爱后，我没有一点严肃、认真，而只有温柔、体贴和爱护，她说自己从来不缺少这些……我后来想想，才知道自己的付出对她来说，可能并不好。”

我的那位学员点点头，给班主任老师倒上一杯茶：“都过去了，现在的师娘不是很好嘛。”

我们总以为，一心一意地对别人好，别人就一定会感激。可有时可能会适得其反，因为你对别人的好，可能只是你觉得好，而在别人那里变成了束缚或负担。

以前有位邻居是一位祥林嫂式的妇女，她整天都在抱怨，自己为老公、为孩子、为家庭付出了很多，而她的老公和孩子一点感恩之心都没有，她感到很心寒。

她每天早上起床就开始数落自己的老公，不努力工作，不知道关心老婆，有时间就出去打牌。她骂孩子没出息，学习成绩不如别人家的孩子，整天只知道赖床。

她说自己过得太辛苦了，没日没夜地操心，其实也没有人非要她天天早起干活啊？只是她的性格习惯了付出，尽管她做得很多，也很辛苦，可是接二连三的抱怨引起了很多冲突。

一位典型的“怨妇”就这样养成了。在她看来，自己的付出必须得到回报，可是那样的好不全是老公和孩子需要的。其实，生活中的每个人都是如此，别人的生活需要自主的选择，而不是被“善意”干涉。

后来有一天，另一位比她还“命苦”的女人找她诉苦，说自己对家庭付出了多少，最后老公却出轨了。刚开始她还会出于善意去安慰那个女人，可对方总是来向她诉苦，她就有点受不了。

她从来没觉得自己和这个女人也差不多，因为她可以举出很多付出的“证据”，而那个女人性格太古怪了，男人出轨也正常。可是，每个人不都这样“不容易”吗？每个人不都这样吃苦吗？为什么对待别人和对待自己的标准会相差那么多呢？

人生本来就没有相互亏欠。有人对你好，说明别人喜欢你；你对别人好，说明你甘心情愿。你既然是自愿付出，别人就有接受或不接受的权利，接受了自然会心存感激，不接受也理所当然。你不能在付出后非要别人心存感激吧？

现实的世界就是如此，不是所有付出都理所当然，不是所有感激是理所应当。

## 负责的人，首先会对自己负责

你活着，就要肩负起责任，像漫威塑造的超级英雄一样，去保护你的家庭、亲人和朋友。同时，你也不要忘记对自己负责。

一个人只有活一次的机会，这是属于他自己的人生，没有谁能够代替他活。

这值得珍惜的、唯一的一次人生如果被荒废了，也没有人会给你真正的慰藉。当你认识到这个残酷的现实，或许就会对自己的人生更有责任感了。

有一位朋友请我去喝茶，他经营着一个不大的企业，算是个小老板。

坐下寒暄了几句，他便问我："如果公司里出现没有责任心、不好好工作、整天不做事的员工怎么办？"

我很直接地说："那就开除吧！还犹豫什么呢？这种员工留着有什么用？"

说完我就开始反省自己，为什么会对不负责任的员工如此绝情？我想可能是自己太不喜欢没责任心的人吧！在我心里，没责任心的人在工作中往往十分浮躁，他们不仅无法安心工作，还会忍受不住寂寞，总想着找各种理由让自己的工作变得更"轻松"一些。

对工作没有责任心的人还尚能理解，对自己不负责的人才令人费解。

对自己负责的人，才能对自己以外的人负责。在这个现实的世界里，你首先要做好自己，才能够做好一切。如果你不对自己的行为负责，不对自己的健康负责，不对自己内心的意愿负责，你又如何能够以一个正常人的姿态站立在这个世界上，如何去对身边的人事负责呢？

有一次参加初中同学聚会，以前的同桌跑过来敬酒。

他已经喝得半醉了，踉踉跄跄地走到我面前，搭着我的肩膀说："我就是命不好啊！如果当年遇到一位好老师，或许自己的人生就不会如此落魄不堪了……"

我客气地说："其实你的脑子很好用的，只是当时自己没有努力而已。"

他笑呵呵地抿了一口酒："还记得那次我们一起参加县里的作文比赛吗？那些评委老师都'有眼无珠'。明明我写得挺好的，最后却连优秀奖也没有评上。"

我听着他满口酒气和怨气，也不知道如何回答他。

接着他又埋怨道："你知道的，我哥哥在市里当官，如果当年他托关系送我去市里的重点高中，或许我也能够考上名牌大学了！"

我微笑着，礼貌性地点点头，已经不再想搭话了。

生活中处处都能遇到"怨声载道"的人，他们总是将错误和责任推到别人身上，而无视自己应试承担的责任和义务。一个人要承担的责任有很多，大到国家、社会、群体，小到家庭、朋友，而对自己负责是这一切责任的基础。

很多人失败了，也是因为不敢尝试。如果不去尝试一下，你就不会知道自己的想法究竟是对是错，也不知道人生的道路会有多么宽广。

善良的人都拥有极强的责任心，他们不仅会对自己负责，还会对身边的人负责。凡是他们应该去做的事情，他们都会竭尽全力去做。那么，怎样才算是对自己负责呢？

你必须给自己一个准确的定位。"我是谁？"你应该这样问自己，再回答

“我是……”通过这种自问自答的方式能够帮助你更好地认识自己，了解自己在学习与工作中所扮演的角色，这种认识在心理学上称为“自我暗示”。

接下来，你要知道自己在哪里？是不是在自己一直想去的地方，是不是拥有自己想要的生活。你的身边都是谁，他们在你的生活中扮演着怎样的角色。

另外，你还必须知道自己每天在做什么？这并不是说你手上没事可做，而是对自己一天所做的事情胸有成竹，知道自己一直在靠近目标，而不是一头为了生活而低头拉磨的驴。

中国古代有这样一句话：“日省其身，有则改之，无则加勉。”你要对自己的人生负责，所以要时常问自己以下四个问题：

我想过怎样的生活，成为怎样的人？

我为此做过哪些努力，收获了什么？

5年后，我要达到怎样的状态？我要做哪些事情才能达成？

做这些事情时，我会遇到哪些问题和如何应对？

## 丑话说在前头就是一种诚意

有时候，你必须将丑话说在前面，这样能够避免让事情向不可控的方向发展。

我一直认为周浩是个很讲义气的朋友，基本属于有求必应的性格。

去年，周浩的初中同学找到他，说是打算买车，向他借5万元。

周浩不好意思拒绝，可他每个月的工资不到五千，哪里有余钱借出去？他绞尽了脑汁，从四面八方凑了5万元借给同学。

之后，他的日子过得更紧了，精打细算苦熬了一年，才将欠的外债给还清了。

没想到那个同学打算买房，又来找他借钱。他的性格有点直，这次直接黑着脸说："我没有钱。"

同学也生气了，大声说："没有就没有，你黑着脸干吗！"

两人大吵了一架，同学赌气将车卖掉，把之前借的钱还给了周浩。然后，两个人好长时间都没有联系。周浩却觉得很轻松，有一种说不出的释然。

我想，生活中肯定有很多人都遇到过周浩这样的情况，成全了别人，却让自己受尽了委屈。而且，你明明有自己的难处，却由于“面子”问题没有在事先说清楚，最终伤害了自己，也没有得到别人的谅解。

有时候，你必须将丑话说在前面，这样能够避免让事情向不可控的方向发展。

很多人可能都在想：我知道自己有难言之隐，可别人不知道啊，如果我将丑话说在前面，别人肯定会认为我太斤斤计较的。这样就算不至于剑拔弩张，但也十分尴尬。

正因为这样，人们通常不会选择将丑话说在前面。可是，在很多情况下，丑话必须要说在前面，这样不会让自己陷入被动无奈的境地，也给自己留了一条后路。

什么算是“丑话”呢？不就是先将不好听的话说出来吗？比如，用来坚定自己的立场，用来提出附加条件等。

朋友找你做个企划方案，你告诉他：“我做方案可是要收费的哦，做一个出来也不容易。不过我可以给你优惠。”这样坦白地说出来，会让对方都有所准备。

公司里来了一位新同事小落，她说话的声音嗲嗲的，不禁让人联想到林志玲。

小落和男友恋爱好几年了，基本到了谈婚论嫁的阶段，平时相处也挺好的。可是有几天时间，小落突然变得心事重重。同事们关心她，她才告诉同事们，自己和男友闹矛盾了。

小落的家庭条件不错，在和男友交往的几年时间里，她花了不少钱。如今到了两个人谈婚论嫁的时候，男友的父母却对两人买房的事情不闻不问。

“反正是一家人了，也不必分得那么清楚。”

几年前，小落抱着这样的想法，独自承担了婚房的首付和房贷，房产证上却写了两个人的名字。她想以后和男方父母一起来还房贷，没想到几年过去了，男方父母都对此只字不提。

现在小落正为这个问题而发愁，还和男友吵了一架。

有同事提意见说："小落，你还是把丑话说在前头吧，现在都流行做婚前财产公证呢！你一个人花钱买房子，房产证却不是你自己的。"

小落感到很迷茫，也很无助。在她的一再逼问下才从男友那里得知，男友父母做生意失败，早已负债累累，根本没有能力帮他们买房子。

小落觉得男友有意隐瞒，便鼓起勇气，把丑话说到了前头："我要嫁的人是你，不是你父母，他们的债务，我们可以帮忙偿还，但是房子的问题也要一起解决，否则婚就别结了。"

男友听了没有生气，反而挺感动的。他也觉得自己不应该隐瞒，而且房子由小落一个人承担，让他觉得自己很没用。

小落原谅了男友，也决定和男友一起承担房贷。他们还商量着帮男友父母偿还债务。

世界是现实的，很多情侣、朋友、亲人在涉及物质利益关系时，都闹得很不愉快，有时候甚至反目成仇。这些都是因为有些话没有事先说清楚。

如果能够先将"丑话"说在前头，或许会在对方心里留下一点不好的印象，可是能让对方有一个心理准备，而不会产生不切实际的期望。这样可能更有利于相处，而不会产生过多的矛盾。

说好话可以从正面激励别人，说丑话可以从反面警示别人。当你鼓起勇气，不再委屈自己，不再故意逞强时，就会发现别人的反应不会像你想的那样糟糕。

在表达自己的想法时，你应该倾听自己的声音，不取悦，也不依赖，让生活回到自己的手中。

## 习惯了不拒绝，你凭什么装无辜

善良的人都有一种天性，那就是不懂得如何拒绝，总想让自己的心灵在舒适区域待得更久一些，这样难免有时委屈了自己。

我的一位学弟，上学时人缘极好，人挺聪明，基本没有人不喜欢他。

毕业后，他进入了一家公司，一直表现得很友善，只要是主管吩咐他做的事他都会答应，而不会拒绝。

可是不久之后，主管渐渐发现他的工作效率越来越低，而且完全没有工作热情。

主管想，难道是他性格散漫，或者对工作不满？于是找他谈话。结果发现，他对很多基础业务都不了解，工作做得很吃力。

主管严厉地问："你既然做不好这些工作，为什么那么爽快地答应啊？"

他觉得很委屈，明明自己已经很努力地去完成工作了，还吃力不讨好。这样没干几天，就选择了离职。

我想，世界上不会有谁希望他人对自己感到失望，都不想把美好的承诺变成让人失落的结尾。只是由于习惯了不拒绝，所以默默忍受了很多，总觉得自己无辜又委屈。

你都不懂得拒绝，又凭什么装无辜呢？

现实世界里，互帮互助是理所当然的事情，但有的时候别人可能会提出一些“过分”的要求，或者是你的能力还没有达到那个程度，面对这种情形，你是直截了当地拒绝，还是硬着头皮答应下来呢？当然，对别人的请求我们不能一概不拒，但也要懂得拒绝别人的艺术。

刘丽是一名中国留学生，人长得很漂亮，性格也很随和。

正常情况下，像她这样有学历、有长相的年轻女孩子应该很自信才对，可是最令她烦恼的就是不懂得如何拒绝朋友。

她的人缘一直很好，所以起初并没有发现自己性格上的问题。直到最近发生的一些事，才让她知道自己的问题。

在国外读书，笔记是很重要的东西。刘丽的笔记一直做得很好，所以一些中国留学生就会常常借她的笔记。

刚开始的时候，刘丽还很乐意帮助这些朋友。可是朋友们的依赖心理越来越严重，甚至发展到上课不认真听讲，下课就拿着她的笔记去复印。

刘丽觉得这样很不好，可是又不知道如何拒绝朋友。

由于刘丽总是热心地帮助这些朋友，所以时间长了，朋友们都觉得这是理所当然的。

有一次，一位女同学让刘丽帮忙写一篇论文，由于刘丽自己的论文还没有完成，所以就犹豫了一下。谁知道这位女同学立马就生气了，还说刘丽不把她当朋友。

这件事情让刘丽很难过。她不希望和朋友发生矛盾，所以遇到事情的时候总是会忍让，会逃避问题。而且事后会把问题往自己身上揽，有时候在受委屈了之后竟然会再向别人道歉。

现在刘丽感到很苦恼，她不知道如何拒绝朋友的要求，因为她害怕自己的拒绝会让彼此的友谊遭到破坏。但是接受了又觉得自己很委屈，好像自己始终在为别人而活。

在我们身边，总会有一些人喜欢做“老好人”，喜欢“义务”地帮助别人。

或许他们觉得，拒绝朋友是一件让人觉得尴尬的事情，多数时候很难说出口，可是不拒绝的话又会让自己很难做，为此常常陷入自寻烦恼的思想斗争中。

可事实上，你完全有理由去拒绝一些不合理的请求，特别是在你自己没有时间或能力不够的情况下。

在生活中，每天都有许多问题等待我们去解决——这些问题可能与我们的家人、朋友、邻居有关，也有可能来自销售人员或者一个陌生人。假如我们把这些问题都揽到自己身上，自己能够都做好吗？关键是你必须知道，什么样的问题自己能够解决，解决几个问题自己才不会感到被拖累、怨恨或是被压垮。

面对那些自己根本没有能力办或不想办的事情，最好及时干脆地拒绝。

我有一位同事，就很懂得如何有礼貌地拒绝别人。

以前的老领导打电话问他，有没有时间一起去看 “苏富比”拍卖的古董。他说：“还是算了吧！因为我对古家具、器物、玉石没有太多的兴趣。就算您给我讲解了里面的奥妙，恐怕我也领会不了。”

一位同学打电话问他能不能参加足球队训练。他开玩笑说：“真是不好意思啊！我已经是篮球队的中锋，没有精力再去参加足球队了。”

大学的同学打电话来，问他能不能参加周末的餐会。他说：“我已经答应女儿周末带女儿去朝阳公园，还是以后再找机会吧。”

邻居请他帮忙选购家具，他说：“对于家具我也是外行，其实选购家具之前不妨上一些相关的网站看看，你就会有一个较为全面的了解。”说完又给了对方一个网址。

同事虽然拒绝了朋友，但拒绝得有理有据，不会让朋友产生误会。

王家卫的电影里有很多经典台词，其中一句说：“要想不被别人拒绝，你最好先拒绝别人。”与人相处的过程中，在不伤害对方自尊的前提下，适当地拒绝对方的不合理要求，这样才不至于影响到彼此的关系。而且，学会拒绝也是保护自己一种方式。

## 只看得到饭碗，你就永远别想找到舞台

你想守住自己的饭碗，就无法体验什么是流浪；你想寻找自己的舞台，就不要只看着自己的饭碗。你所谓的稳定，可能只是静止的灭亡。

在遥远的温哥华，小蕾一如往常那样走进自己的移民咨询公司。她是一位性格火辣的重庆女子，为了梦想远离家乡，在温哥华打造了一片属于自己的天地。

小蕾毕业后被分配到中国核动力研究院，拥有了自己人生中的第一个“铁饭碗”。她的工作内容并不复杂，偶尔在院内进行教育培训，帮外籍专家做翻译。面对这样一份轻松安逸的工作，她自己却并不满意，总渴望得到更大的发展。

1992年，小蕾终于放弃了自己的“铁饭碗”，在南方找了一份人力资源及工程质量管理的工作。在那家企业一待就是5年。随后又进入美国史丹利公司，成为这家企业唯一一位中国籍高管。当然，她并没有就此止步，而是计划着出国学习，找到更广阔的舞台。

随后小蕾重拾书本，准备在当地最著名的英属哥伦比亚大学攻读工商管理硕士学位。这所大学的录取条件十分苛刻，她却通过自己的努力拿到了入学通

知书。

一年半后，小蕾顺利拿到工商管理硕士学位，并且在加拿大找到了第一份工作，成为加拿大政府的一名公民服务官员。在异国他乡，小蕾又找到了自己的“铁饭碗”。这份工作不仅轻松，福利也好，让人羡慕不已。

在这期间，小蕾还遇到了自己的另一半，并且组建了自己的家庭。

这样安稳的生活是多少人梦寐以求的，可是小蕾生性喜欢挑战，她明白，如果只看得到饭碗，自己永远也找不到真正的舞台。于是，婚后不久她便放弃了加拿大联邦政府的工作，和丈夫一起创办了一家世界移民公司，并且取得了不俗的成就。

成功后的小蕾并没有忘记自己的家乡，她向加拿大同乡会捐资设立了“斯必得法学奖学金”，还和自己的母校联系以资助那些贫困的学生。经过媒体的报道后，她也有了一定的名气。在接受加拿大记者采访时，她笑着说：“我喜欢做自己喜欢的事情，哪怕为它放弃安稳的生活，去忍饥挨饿，去颠沛流离。那才是我想要的生活，想要的舞台。”

关于生存，有一个很严峻的问题要解决，那就是选择饭碗还是梦想？选择稳定的饭碗，必然无法放开拳脚去追逐自己的梦想；选择梦想就注定风雨兼程，一路坎坷。

俗话说，一只鸟儿只盯着树皮里的虫子看，它永远也飞不上蓝天，更无法和太阳肩并肩。一个人整天只想着苟活的饭碗，他心中永远无法容下人生的大舞台。

记得《火影忍者》的作者岸本齐史也曾为了赚钱糊口而去创作，当下流行什么风格他就画什么风格，什么作品价钱高他就画什么作品。那时候，他就像一部画画机器一样，几乎所有作品都失去了自己的灵魂。

当时很看好他的一位主编对他说：“我不想看到你的作品仅仅为了赚钱，而没有自己的风格，这样你只会迷失自己的。”

为了温饱而摒弃自我的岸本齐史这才渐渐醒悟过来，知道自己不再为了赚钱而创作了。

他逐渐改变商业性的作画方式，像最初那样坚持自己的风格。这样一来，他的收入直线下滑，甚至出现了生存危机。

但是他没有选择放弃，最终创作出《火影忍者》，成为亚洲顶级的漫画家。

一个人只看得到饭碗，就注定会失去自己的人生舞台。相反，如果能够拓展自己的眼界与格局，人生肯定会变得别样精彩。

## 太在乎别人的看法，你活得会太累

善良的你必须记住一件事：不要太在乎别人的看法，别人说你帅可能只是客套，别人说你丑可能出于嫉妒，你去在乎那么多人的想法，不会累死吗？

我很喜欢主编说过的一句话："年轻人通常比较在乎别人的看法，中年人已经不太理会别人的看法，老年人才会知道，其实别人根本就没有在意过你。"

对啊，别人是你的谁？为什么在意你？为什么对你产生想法？恐怕只是你想多了。

在这个世界上，真正会在意你的人，往往是爱你的人，而真正爱你的人并不会太多。所以，聪明人不会太在乎别人的看法，而更多去在乎真正爱自己的人对自己的看法。

其实，不爱你的人，无论说了什么，很快就不记得了。你自己却念念不忘，不管是批评或赞美自己的话。赞美你的话，你记在心里可能没太大的影响；批评你的话一直记着，却可能给你带来糟糕的心情，这就不值得了。

以前读书的时候，有一位女孩唱歌非常好听，简直就是大家心目中的"甜歌天后”。不管多么难唱的歌，只要从她的嘴里唱出来，都会变得甜甜的。

有一次，学校组织了一场歌唱比赛，她作为班里的代表被班主任直接保送进了决赛。然而，在最后的比赛中，她却因为过度紧张而表现失常，只拿了倒数第二名。

事情过去很多天后，她还在为此而不开心，总是板着一张脸，还去班主任老师那里解释：“那天真的感冒了，嗓子特别不舒服，不然我肯定可以进前三的！”

班主任安慰她：“没事的，我没有怪你，也相信你是发挥失常了。”

她自己却念念不忘，一见班主任就提起那件事情，搞得班主任都想远远地躲着她。

现实生活中，很多人都太在意别人的想法了。如果下雨天你不小心在路上摔了一跤，逗得旁边的人哈哈大笑了，你不仅会感到无比尴尬，还会以为全世界的人都在看自己出丑。可事实上呢？别人正忙着躲雨，忙着撑伞，忙着在雨中奔跑……哪里有时间来看你的笑话？

换位思考一下就会知道，即使在雨中摔跤会让人很尴尬，可在旁人看来，这不过是一个小小的插曲，甚至是微不足道，可以视而不见的。只有你自己还那么在乎，没有放下而已。

大多数人关心的只有自己，他们有自己喜欢的事要做，哪里会把那么多时间和注意力放在你身上？无论你是成功了或失败了，和他们有多大关系？如果你能够认清这一点，就能够不那么在乎别人的想法，好好享受生活了。

而且，每个人的评价也不一样，总会有人说你好，也会有人说你不好。你更不要傻傻地以别人的标准来衡量自己，这样只会让自己陷入无边的懊恼之中。

著名作家拉塞尔·H·康维曾经说过：“世界上至少有百分之九十五的人，觉得自己不如别人，他们没有成功和幸福的根本原因，就是习惯用别人的标准去衡量自己。”

在他的著作《钻石宝地》中，有这样一段论述："客观来说，世界上的每一个人都有不如别人的地方，同样也在某些方面超过所有的人。比如，在举重方面，有多少能够比过保罗·安德森；在舞蹈方面，有多少人比亚瑟·毛瑞更厉害；在掷铅球比赛中，又在多少人的成功能够超过白利·欧布莱恩。你知道自己永远无法超过他们，可是你并不因为而产生自卑感，也没有因此觉得自己不行，甚至觉得是一块废柴。"

很多人觉得自己不够好，就是因为他们习惯于用别人的标准来衡量自己。这样做只会给自己带来一种错误的感觉，认为自己永远不如别人，自己身上的毛病太多等等，甚至认为自己没有了价值，不可能获得成功与幸福。

著名的文学家爱默生曾经说过："智力取消了命运，只要一个人在思考，他就是自主的。"一个人如何评价自己，应该来源于自主的思考，而不是别人的看法。

一个人完全不在乎别人的想法是不可能的，如果只了解自己，所有的事情都按自己的想法来做，可能就会变得一叶障目、一意孤行；如果整天想着别人的想法，就会让自己变得很累，迟早会压垮自己，所以最好的做法就是知己知彼。你必须了解别人眼里的自己，还有自己眼里的自己。

# 第九章

# 世界虽然纷扰，但你并非无路可逃

## 别回头了，怀念从前会让你止步不前

有一条路你必须看清楚，面向前方，而不是屡屡回头。阳光会迎面扑来，逆光的那是黑夜。你要记得，有一些东西要学会放下，就算放在心里，也要轻装前行。

微信朋友圈里经常看到一个女孩在秀恩爱，一会儿收到男朋友的玫瑰花，一会儿是丹尼尔的手表，一会儿又是两人去泰国旅游的合影……

然后有一段时间，女孩突然就消失了，甚至连日常美颜自拍照都看不到了。这女孩是怎么了？

经过打听才知道，女孩和男友分手了，因为女孩一直和自己的前男友藕断丝连。现男友无法忍受，最终愤然离去。

这样的狗血剧本来索然无味，女孩偏偏跑去自杀，结果自杀未遂住进了医院。

我从来不喜欢这样轻生的人，这个世界上还有什么事情比尊重自己的生命更重要吗？曾经有人问我，爱一个人的最高境界是不是愿意为了这个人放弃生命？

我回答："至少我自己不会。如果为了所谓的爱人而放弃生命，那身边的人呢？生命呢？责任呢？一个连生命都能放弃的人，凭什么去谈爱情？”

上面那个女孩，为了失去的爱情而轻生，想想也是够傻的。

她一直放不下前男友，现任离开后也痛不欲生，而事实上离开的人已经变成过去。为了过去而活的人，又有什么未来可言呢？

我们都想做最洒脱的人，可是又不忍心和过去说再见。如果总是怀念从前，你就是死在回忆里的人。如果过去变成一种负担，影响你现在的生活，阻挠你前行的脚步，为什么不毅然放弃呢？这是每一个智慧人应该做出的选择。

一位事业有成的女老板在厨房里做事，突然听到客厅里传来了儿子的哭叫声：“妈妈，妈妈，我疼！”

女老板急急忙忙跑到客厅，看到4岁的儿子蹲在地上，小手卡在花瓶中出不来了。

她心疼地跑过去，想帮儿子将手从花瓶中拉出来，可试了好久都没有成功。听着儿子撕心裂肺的哭声，她也差点急哭了。

万般无奈下，她只能找来一个小铁锤，小心翼翼地将花瓶给砸碎，费了很大劲才将儿子的小手取出来。

这时候，她看到儿子的小手握成一个小拳头，无论怎样都打不开。

她被吓到了，心想：不会是儿子的手卡在花瓶中太久，已经变形了吧？她抚摸儿子的肩膀，让他将拳头松开，这时她才发现，原来儿子手中握着一枚1元钱的硬币。

她终于松了一口气，儿子的手没事就好。尽管她刚才敲碎的是价值5万元的古董花瓶。

原来，儿子闲来无事，将几枚硬币扔进了花瓶里，他想将硬币取出来，可是由于手里握着硬币，拳头比瓶口大，所以手就被卡在花瓶里了。

事后她问儿子：“你为什么不松手，把硬币放下呢？那样你的手就可以出来了，妈妈也不用打碎花瓶了啊！”

儿子却委屈地说：“花瓶那么深，我害怕一放手，硬币就不见了。”

我知道这个故事很有寓意，为了一枚1元钱的硬币，砸了一个价值5万元的古董花瓶，实在觉得可惜。

尽管故事的主角是一个4岁的小男孩，可这种现象会发生在每一个成年人身上。很多人因为紧紧握住手里东西，最后因小失大。

当然，成年人紧紧握在手里的并不是硬币，而是过去，是放不下的回忆。

如果一个人只知道回头，沉溺在过去的悲伤或荣耀里，那他就永远无法获得新生和进步，只会安于现状，故步自封。

学会放下过去，不活在回忆里，这是我们每个人都应该有的心态。

一位老爷爷挑着扁担悠闲地走在马路上，扁担两头挂着两个壶，壶里装满着绿豆粥。

在一个路口，他不小心摔了一跤，壶掉在地上，支离破碎。可是，他仍旧若无其事，继续向前走。

这时候跑过来一个人，善意地提醒他：“你的壶破了，你不知道吗？”

他点了点头说：“我知道啊，我看到它在我手中摔得支离破碎了。”

“那你怎么不转身，回头看看应该怎么办？”

“它已经碎成那样子了，绿豆汤也洒了一地，我不继续赶路，还能怎样呢？”

老爷爷是充满智慧的人，不要以为人生会因为某些意外或磨难而停滞不前，所有已经发生的都是小事，只有现在和未来才是我们应该去关心和珍惜的。

如果将某一个阶段的成败看得如此重要，甚至将它们扛在肩上以至于寸步难行，我们就应该思考一下了。是不是应该丢弃一些旧的东西，和过去说再见，和往事和解，和回忆干杯？

从经济学的角度讲，过去已经发生或者投入的，不可能再被收回的成本称为“沉没成本”。我们打算做一件事情，不仅会看这件事情会给自己带来多少益处，还要看过去是否已经在这件事情上投入过成本，比如，时间、精力、金钱等。

沉没成本是不能被改变的，就像老爷爷洒掉的绿豆汤无法再被装进壶里，所以对于已经无法收回的成本，我们要理性地选择放弃，而不是为它“哭泣”。

如果你一味地沉溺于沉没成本中，而不懂得明智地选择放弃，那么只会让自己离梦想越来越遥远。在现实生活中，很多人困在回忆里无法前行，仍然不愿意选择放弃，因为人们之前已经花费了一些资本，现在放弃就意味着损失。

哲学家说：“你太执著了，要知道，有时候坚持还不如放弃！”一个人在分岔路口选择了错误的方向，那样只会让自己走进漆黑的死胡同，与自己所期望的成功越来越远。所以，请你记住一点：“有的时候，懂得坚持是一种品质，懂得放弃是一种智慧！”

别回头了，怀念从前会让你止步不前。

## 未来不忧，过往不恋，挺好

我终于明白，对人生最好的悦纳，就是未来不忧，过往不恋，努力过好当下。

我带小墨去吃了最地道的川菜，她明明吃得挺开心的，却突然停下来，很认真地对我说："我发现你变了，不像以前那样乐观了。"

"没有吧？"我自己并没有这样的感觉。

"你没发现，自己吃东西的时候都心不在焉吗？"小墨的性格很直爽，说话也不会拐弯抹角，"听我说话的时候也时常走神，眼神里透露着忧伤，说话语调都降低了很多。以前我说起自己的故事，你肯定会很认真地听，还会给我许多建议的。"

我无言以对，认真想想，自己确实没有以前那样乐观了。很多事情，以前想得很容易，现在却觉得那么艰难。虽然平时我总是嘻嘻哈哈的，真正感到快乐的时候却很少。表面的快乐就像舞台上的表演一样，其实并不真实。

有时候我也在想，现在的生活不是比以前好太多了吗？吃得比以前丰盛，穿得比以前漂亮，住得还比以前舒适，联络也比以前便捷多了。可是不知道从什么时候开始，人的快乐和幸福感也变得更少了。

我记得柴静在自己的书中写道：我们一直赶着向前，却早已忘记了当初为什么出发。

时间始终在向前，无情而且不可追悔，时间就是这样，会带走很多东西——曾经的单纯、努力和梦想。

小墨说："通常情况下，不够乐观，不够快乐，只有一个原因，那就是你一直在怀念过去，也在杞人忧天。这样苦苦思考，却没有好好珍惜当下的时光……"

我开玩笑："当下和你享受美食的美好时光吗？"

活在当下，这是很多人的个性签名，也是一种积极的生活态度。可是，现实的世界里，有几个人能够真正做到"活在当下"呢？

如果树木可以说话，蓝天可以说话，小鸟可以说话，桌子上的咖啡和手里的书本会说话，它们肯定会告诉你，"我在这里，你在哪里？"你整天都在怀念过去，放不下过往的点点滴滴；整天都在忧虑未来，不知道自己的出路，这样的你，哪里来的快乐呢？

什么是"当下"呢？就是我们现在正在做的事情、正待的地方、拥有的朋友和生活；"活在当下"就是将自己的所有精力都放在这些人、事、物上面，全心全意地去接纳、品尝和爱。

有的人可能会说："这并不是什么难事啊？我不是一直都这样活着，并且与它们为伍吗？"话虽然不错，可问题是，你不是一直活得很匆忙吗？你有将所有时间和精力都用在当下吗？可能很多人都更留恋过去，更担忧未来吧？

很多人都没办法专注于"当下"，他们总是被过往的事情所影响，同时又想着明天、明年甚至是下半辈子的事情。

"还是前男友好，处处会照顾人，又不会随便发脾气。"

“我以前已经尝试过很多方法啦，都以失败告终，所以不想再尝试了。”

“我明年一定要考600分以上……”

“我一定要买一套大房子，要有厨房的露天阳台。”

这样的话，我们经常可以听到，甚至我们自己就曾经说过。

其实，现实中很多人都没有真正的“活在当下”，就算得到再多，也没有任何快乐的感觉。

我曾经在一本杂志上看过一个故事。

在国外一所大学的课堂上，老师问学生：“你们认为，一生中最重要的是哪一天？”

有人回答，是出生那天；也有人回答，是结婚那天；还有人回答，是过世那天。

老师却指正说：“是今天！因为我们拥有的最宝贵财富就是今天，过去已经成为历史，未来还未到来。不管过去多么让人怀念或难过，都像融入海底的沉船一样，不可能再复原；不管明天有多么艰难或难以预料，都还没有到来；不管今天多么平常无奇，都会在我们手中闪闪发光。”

这样说来，我们的人生也仅仅拥有此刻而已。

如果你总是将时间和精力耗费在已成定局的过去或者未知的未来，却荒废了当下的一切，那你就永远无法得到真正的快乐。

我记得一位作家朋友说过：“我刻意去寻找快乐的时候，是永远找不到的，只有让自己活在当下，专注于周围的人和事物，才能让快乐不请自来。”

或许，现实生活的所有意义，仅仅只是把现在的时间过好，未来不忧，过往不恋。

## 患得患失的人不得安宁

现实就像一只残酷的手，会将一些东西放进你的生命中，也会将一些东西带走。所以，你要习惯生命中的得与失，得到是一种幸福，失去也未尝不是一种幸福。

我在朋友的签名上看到一句话："人生总会有得失，但是你不能患得患失。"

在现实的世界里，我们都不可避免地需要去面对得与失的问题。如果一个人整天都被患得患失的阴影所笼罩，心里肯定无法得到一丝的安宁。

什么是得到？什么是失去？在每个人那里看来都是不一样的。

一位老将军解甲归田后办起了武馆，还渐渐爱上了收藏古董。只要古董到了他手中，每天又擦又看，爱不释手。

有一次，他的好朋友来到他的收藏室，他兴致勃勃地给朋友讲解每一件古董的来历，其中有一只花瓶是他的最受。当他把花瓶拿里手里讲解时，一不小心花瓶从手中滑落了，幸好他眼明手快，迅速地接住，然而，他已经吓得面如土色了。

事后，他自我反省：自己在沙场上征战多年，从来没有如此害怕过，为何会对一个古董花瓶产生那样的感觉？思来想去也没有答案。

不过从那以后，他经常会梦见自己将心爱的古董花瓶摔得粉碎，有时是花瓶被偷走，有时又被倒塌的房屋砸到。

他的夫人心疼他随口说道："你这样夜夜难眠，还不如将古董花瓶给摔了！"

这话反而让老将军恍然大悟，自己只是因为过度迷恋于古董，所以才会患得患失的。这不是自己给自己制造的心魔吗？

患得患失几乎是每一个人的"死穴"，人们会因为害怕失去而担惊受怕，在面对选择时也容易出现犹豫不决的情况。如果你总是患得患失、瞻前顾后，很有可能就会错失很多东西。

经济学上有一个"布里丹选择"，它讲的是一个叫布里丹的人，他养的驴子饿了，于是牵着驴子到郊外找草吃。

他看到山坡左边的草很鲜嫩，便牵着驴子来到左边；他又看到右边的草很繁茂，便牵着驴子来到右边；然后他又看到远处的草看起来更绿，于是又牵着驴子去往远方。

就这样，布里丹牵着他的驴子一会左、一会儿右，一会儿远、一会儿近，始终没有拿定主意，最后驴子便被饿死在寻找食草的路途中。

从"布里丹选择"中我们可以得出结论：生活在粮仓里的人也有可能被饿死，所以你一定要看清自己所拥有的资源，看清周围的环境，不要因为长时间的犹豫而错失良机。有时候，患得患失的人会因为害怕失去更多而真的失去更多。

## 学会和你的坏情绪相处

> 说实话，这个世界上没有几个人愿意忍受你的坏情绪，偶尔脾气火爆，偶尔心情低落。你又不是人们捧在手心里的公主，不是高高在上的王子，别人凭什么忍受你的坏情绪？

大半夜我被小雪的微信吵醒。小雪是我以前的同事，由于关系不错，她遇到感情问题时总会向我倾诉。她说当我是人生导师，不管我愿不愿意。

果然，她又和男友闹矛盾了。她发来微信说：“我知道自己性格不好，老爱发脾气，我也知道他很无辜，可我还是忍不住会因为一点小事而大发雷霆……”

我很是不解，问她：“你是不是整天闲得慌？为什么每次都是因为那些小事而闹情绪呢？你不是工作忙吗？哪里来的时间生气？哪里有那么多气可生？”

她说：“我也不知道，不然早就改掉这个坏毛病了。”

我换了口气对她说：“你现在还年轻，还不太懂得如何与恋人相处，我都能理解你。而且你也是幸运的，遇到了爱你的人，至少他还会在你闹情绪的时候哄着你。可是你从来都不去控制自己的情绪，总是让身边的人被动吸收那些负能量，我就有点无法理解了。”

其实在现实世界里，像小雪这样“情绪化”的人并不少。有的人平时总是表现得喜怒无常，一会儿因为一点小事哭得稀里哗啦，一会儿又因为一个笑话笑得前仰后合，一会儿又怒火中烧乱发脾气——我们通常将这类人称为情绪化的人。

面对这些情绪化的人，我们刚开始可能还会好心劝说，说一些安慰鼓励的话，可是发生的次数多了，我们会发现，这些人并没有想过要管理好自己的情绪，而只是想找个地方来发泄自己的不满。

我想你一定知道心理学上著名的“踢猫效应”吧？爸爸在公司里被老板批评，心里憋了一通火，回家就把自己的坏情绪撒到小儿子身上；小儿子觉得十分委屈，狠狠去打沙发上盘成一团的小猫；小猫跳在街上，正好有一辆卡车开过来，司机紧急避让，却将爸爸的老板撞了。

其实，我们每个人都是“踢猫效应”链条上的一环，一方面在不断接收别人的坏情绪，一方面也在不断传递自己的坏情绪。受伤的人，往往也会去伤害别人。那些浑身都是负能量的人，除了会消耗你身上的热情，汲取你的养分，让你产生坏情绪以外，还能做什么？

我们知道，人的情绪包括喜、怒、忧、思、悲、恐、惊七种。一个人的情绪反应越强烈，在身体动作上的表现就越强烈，比如，人在愤的时候会咬牙切齿，在喜的时候会手舞足蹈，在忧的时候会茶饭不思，在悲的时候会痛心疾首等。

美国哈佛大学心理学教授丹尼尔·戈尔曼说：“情绪意指情感及其独特的思想、心理和生理状态以及一系列行动的倾向。”

所以，人的坏情绪是不能被完全消灭的，只能进行有效的疏导、管理及控制。

而且，情绪也没有好与坏的分别，只有积极与消极的分别，由情绪引发的行为却有好坏之分，由行为所引发的后果更有好坏之分。

有时候，人的情绪就像脱缰的野马一样难以自控，但是你就应该放任自流吗?

一个人如果能够在心情不好的时候，控制住自己的怒火；能够在情绪低落时，给自己加油打气；能够在任何坏情绪来临时，学会驾驶它们，而不是被它们所操控，那么也就拥有了赢得成功的力量。无论你的情绪有多么糟糕，都要学着去掌握，而不是放任自流。

约翰·亨特是美国著名的生理学家，他对人体构造及各器官的功能都很有研究，对于人的情绪却“一无所知”，因为他自己的脾气非常暴躁，总是怒不自遏!

有一次，约翰·亨特和妻子商量晚餐的问题。由于妻子想吃牛排，而约翰·亨特想吃中餐，两人商量着就吵起来了。在争吵的过程中，约翰·亨特的情绪越来越激动，最后还触发了心脏病。从那以后，妻子再也没有和他争吵过，并且在相处中尽量不去违背他的意愿。

在一个学术交流会上，约翰·亨特又和一位教授的观点不合了。这让约翰·亨特感到十分恼火。随着争论的不断升级，两人的火药味也越来越浓，最后约翰·亨特因为突发心脏病抢救无效而失去了自己宝贵的生命。

约翰·亨特的离世让朋友们感到十分惋惜，他们在讲述约翰·亨特的故事时总会说：“哦，我有一个很有成就的朋友，他是一位生理学专家，可是他被愤怒夺去了宝贵的生命！”

西方有这样一句谚语：“比暴君的奴仆更不幸的事情，就是成为情绪的奴仆。”

也许你还不知道吧?在所有的情绪问题中，影响人们最多的是愤怒的情绪。经常产生愤怒情绪的人，不仅不利于自己的身心健康，同时还会影响自己与他人之间的关系，更可怕的是愤怒还有可能导致间接的死亡，在所有车祸事故中，至少有一半以上是由于驾驶者的愤怒情绪引起的。

想要“管”好自己的情绪，也不是一件难事，很多方法都可以帮助你解决问题。

不过，我还是要告诉你：“自己才是一切问题的根源，很多不好的情绪都是由于不能自控造成的。”为了能够更加快乐幸福地生活，也为了“管”好自己的情绪，我希望你能够在发怒前问自己几个问题：

你认为这样，别人会怎样看待你，会怎样对待你？

如果你是别人，你会对自己的做法产生什么样的感想？你会生自己的气吗？

你可能做错的地方有哪些？

你打算对别人采取怎样的行动？这些行动会导致什么后果？

你们之间可能出现什么误会？

你最终如何看待这件事？如何对待别人？

## 其实，很多事情禁不起等待

> 你必须明白，现实的世界不是一成不变的，也不是静止不动的，比如，你等的时机会转瞬即逝，你等的人会转身离开，你等万事俱备却永远“只欠东风”。

曾经被德国的一则圣诞节广告片感动过。

每年圣诞节，老人都会兴冲冲地装饰房间，把自己打扮得漂漂亮亮，却只能独自一人享受圣诞节的晚餐。他的孩子们都太忙了，总是等不到“空闲”的时间陪一下老人。

后来有一天，孩子们突然接到老人去世的消息，这才匆忙地赶回家，心痛不已。

当他们面对空荡荡的房间，回忆起过往的种种情景时，老人却从房间里走了出来。他用一种平静的声音说：“如果我不这样做，又如何将你们凑到一起呢？”

广告的最后，老人等到了自己的孩子，吃上了美味的团圆饭。现实的世界却不会如此圆满，因为很多事情禁不起等待——

“等我存够了钱，就出国旅游一次。”

“等我工作不忙了，就回家看望爷爷奶奶。”

“等大学毕业，等找到满意的工作，等买好房子，等创业成功，我再谈恋爱。”

“等我调整好状态，就开始创作。”

……

你可能永远也等不到“存够钱”的时候；等你忙完了，年迈的老人可能已不在人世；等你大学毕业，找到工作，买好房子，创业成功，你等的女孩可能已经是别人的老婆；你一直在调整状态，可能一直状态不佳，如此往返，却始终没有开始创作。

很多人不都是如此吗？我自己又何尝不是？明明很想去做一件事情，却因为种种原因而被搁置，好像从来没有放弃过，又好像从来都只是说说。我们在等待什么，或许连自己都不是很清楚。在等待中，我们不仅错过了很多，还失去了很多。

在这个现实的世界，很多人都在等待，而究竟在等待什么，却少有人说出答案。无论你是一个怎样感性的人，无论你的等待听起来多么感人至深，现实的世界都只能对你say sorry，因为世界是理性的，你所等待的并不一定会等你。

我朋友的学妹小茜是一个很重感情的人，上学时和我的朋友在同一个文学社，还经常一起聊天，谈创作。那时候，她喜欢上了自己的同桌，一个阳光帅气的男孩。用学妹自己的话来说，那是她等过最长的一件事情——等一个不爱自己的人爱上自己。

和所有青涩的校园恋情一样，刚开始学妹不敢靠近那个男生，只是偷偷地看他。她想等自己更优秀一些，让他主动发现自己。后来，他们成了要好的朋友。学妹却一直没有表白，因为她觉得能够成为朋友已经是上天最大的恩赐了。万一表白失败，可能连朋友都做不成。

大学四年，就这样在暗恋中度过，她一直在等待被发现，却一直没有等到。

大学毕业后，她回到了北方，那个男孩出国留学。

听学妹说，还是她去机场送他的。当时站在安检口，她好想大声告诉他，自己爱了他整整四年，好想和他一起出国，然而终究什么也没有说出口。

前段时间她给我朋友发微信消息，问我朋友要单身节红包，让他可怜可怜她这条“单身汪”。

我朋友慷慨地给她甩了11.11元过去，顺便问她：“那个男生出国好几年了，还有联系吗？”

她发了一个“呵呵”过来，然后说：“听说他找了一个英国女朋友，准备在国外定居了。”

那样美丽善良的一个女孩子，把人生中最美好的几年浪费在等待中，实在是不值得。如果她能够鼓起勇气表白，或者放弃那个男孩，结局肯定完全不同。

世界如此现实，我们却在傻傻等待。难道真的有那么多不确定，需要用等待去证明吗？

“等我把这个项目做完，就要离开这个公司，换个新的工作环境。”他不止一次这样对自己说，可是很多年过去了，他还是坐在同一张办公椅上，做着同样枯燥乏味的工作。因为他害怕改变，害怕自己找不到工作，害怕失去安稳的生活。

“等我一切准备就绪，就要开始自己创业了……”他一直在准备，不断发现自己所欠缺的东西，等他终于“就绪”了，却错过了最好的创业时机。

等一等，再等一等，究竟要等到什么时候，才能够勇敢地踏出第一步，才能够大胆说出内心的话，才能够挽留住要走的那个人？其实，很多事情都禁不起等待，你不如从今天开始下定决心，做一个不再等待的人。立刻去做自己喜欢的事情，去说自己想说的话，去见自己想见的人，去过自己想过的生活。

世界是现实的，我们也要活得现实。所以，不要再等了，马上出发吧！